從「管人」到「管全局」的突破
八大資質 × 五大境界 × 六大誤解，
解析領導者思考模式，打破管理天賦的迷思！

BUILD YOUR LEADERSHIP！

打造你的領導力！

U0087390

「老闆應該管多少人？」「如何準確定位領導力？」
「你是什麼類型的領導者？」

彭飛 著

領導力不是與生俱來的天賦，而是一種可以學習掌握的思考模式
資質培養到制度管理再到目標引導，10 個章節，教你不只能管人，更會管全局！

目錄

序言　有境界，則自成高格

　　一百多年前，王國維在他的《人間詞話》中，對「古今之成大事業、大學問者」的成功路徑加以描述，提到了其中三種境界：「昨夜西鳳凋碧樹，獨上高樓，望盡天涯路。」、「衣帶漸寬終不悔，為伊消得人憔悴。」、「眾裡尋他千百度，驀然回首，那人卻在，燈火闌珊處。」

　　人將有限的人生納入廣袤的社會發展中，一直追尋著人生境界的高度，不斷創造更大的價值和幸福感。為了實現人生的最高境界，每個人都應著眼於人格的塑造、眼界的拓展和能力的提升，既需要奮進的力量，又需要改變的勇氣，才能從「望盡天涯路」走到「燈火闌珊處」。

　　今日的經濟發展方式亟待轉變，新的商業模式不斷出現，市場競爭日益激烈，人才團隊結構趨向多元化，資本力量不容小覷……大環境所展現出的一切特徵，都在考驗著企業的領導團隊和領導力。

　　所謂領導力，就是一種特殊的人際影響力，組織中的每一個人都會去影響他人，也要接受他人的影響，因此每個員工都具有潛在的和實際的領導力。在組織中，領導者和成員共同推動著團隊向著既定的目標前進，從而構成一個系統，在系統內部具有以下幾個要素：領導者的個性特徵和領導藝術，員工的主觀能動性，領導者與員工之間的積極互動，組織目標的制定以及實現的過程。

　　無庸諱言，廣大中小企業發展的命運，常常繫於企業家一己之身。當企業家的領導才能突出，則企業的收益會立竿見影，獲得更大的生存和發展空間。相反，如果領導力停止不前甚至倒退，則遲早會難以應對層出不窮的問題，更難以留住企業發展所需要的資源，從而被淘汰出局。面對適者生存的社會現狀，企業家不得不提升自身的經營管理能力，不斷追求新的高度。

序言
有境界，則自成高格

很多時候，企業未來的發展取決於領導者的性格和境遇。管理企業是一項有挑戰性的工作。領導者不但要懂得帶人的技巧，還要學會掌控自我，更新自己的認知和能力，企業才可能有未來。

因此，企業家必須密切關注個人領導力的提升。但人是極為複雜的感性動物，外界的誘惑越多，人的價值需求就越來越多元化。真正要贏得員工的不離不棄，領導者就需要不斷的學習、模仿、實踐，才能用自身的能力和外在的魅力，贏得團隊的生死與共。

一個企業家的魅力值，除了自身的能力，還有領導者人生格局和境界。他們應該跳出眼前利益，轉而進行長遠規劃；他們應該重新塑造自我的人生境界、抱負和追求，既不能停留在小富即安的享受中，也不能盲目自信於當下的成績；他們應該避免以老闆心態自居，應以領袖的形態來管理企業，才能打造真正意義上的團隊；他們應該反思在企業管理中的方式方法，著重於從「細節管理」走向「策略領導」，再走向「無為而治」。

當初，我剛創業的時候，因個人的領導力較弱、領導者的境界也不高，在管理中處處碰壁，導致公司面臨危機，員工走了一大批，留下來的寥寥無幾。我很感動也很感激這幾位陪我堅持的夥伴。

但是我並沒有放棄，而是思考問題所在。當我逐漸意識到自己的問題，並努力苦修領導者境界和管理方面的知識，終於將企業拉到了正軌。

當年留下來和我一起奮鬥的那幾個人，如今也成就了一番事業，他們現在每個人都是總經理，管理的員工過百。在不斷的探索過程中，我自己也累積了不少的管理心得和領導者境界提升的策略。我想把自己總結來的東西分享給大家，希望可以幫助依然在創業路上苦苦探索的你們。

在書中，我以領導力的四層境界為綱，以傳統文化與現代領導力理論的結合為目，將中小企業實際需求與社會、市場、企業乃至民族性特點融

會貫通。我希望，透過這本書，能幫助領導者不但解決眼前的問題，更能著眼於未來，為未來道路上掃清路障，順利前行。

如果大中小企業家和企業管理理論研究者，以及無數個創業者能從本書中獲得些許新的啟發與收穫，這將是我最大的欣慰。

個人精力有限，書中難免出現疏漏，望讀者斧正！

彭飛

第一章

領導者面對的 6 個領導力誤解

領導力就是管理能力

　　企業是一支軍隊，企業家正是主宰軍隊的將領。在《孫子兵法》中，對將領的價值如此描述：「將者，國之輔也。輔周則國必強，輔隙則國必弱。故知兵之將，生民之司命，國家安危之主也。」

　　為將之道，在於改變軍隊命運，而企業的營運業績想要不斷提升，必須依靠真正的強力的領導者。

　　現實中，不少公司老闆都在抱怨，自己的時間不夠，因為要管的事情太多，忙不勝忙：有的老闆，見到基層員工遲到，就會訓斥一番，看到行政管理員工的工作態度不勤勉，又要批評幾句……有的老闆甚至會對機器螺絲是否旋緊了、辦公室窗戶擦得是否乾淨、員工下班後空調電源是否關閉等，都要一一過問……當他們在抱怨管理事務占用了太多精力之時，卻很少有人思考領導方式是否正確。

　　這樣的現實，引發了領導力專家的思考：「公司老闆應該管多少人？」

　　很多人都曾以為：「公司規模有多大，老闆就應該管理多少員工。」甚至還有人覺得，領導者管人管事應該是「韓信領兵，多多益善」。於是，很多領導者認為領導力等同於管理能力。

　　但情況並非如此簡單。雖然公司老闆都可以直接去管理每一個基層員工，但從組織架構上來看，老闆通常應該管理的，只是其直接下屬而已。

　　奇異公司全球有數十萬員工，直接向 CEO 匯報的，也只有不超過 20 餘人的高階副總裁。換而言之，奇異公司的 CEO 所需要直接管理的只有這 20 多人的團隊。十幾年前，這個數字不超過 10，三十年前，這個數字只是 5。在這樣的管理結構中，傑克‧威爾許（Jack Welch）成為了領導力

的傳奇。

另一方面，現實中，那些尚處於初創成功階段的公司裡，老闆們明明同時管理幾十人，也能安排得井井有條，同樣發揮了不錯的領導力。

那麼，真正的領導者，究竟應該是管還是不管呢？想要對此做出科學的回答，就要先明白什麼是管理。

管理的基本功能，意味著讓體系正常運行，讓組織整體能夠按部就班的工作。自從出現企業，管理活動就隨之出現，但無論管理形態如何變化，管理始終注重的都是事情的本身。

首先，管理是為了實現組織目標而服務的；其次，管理包括一系列的基本職能，如計劃、組織、協調、控制等；再次，管理對象為企業組織的各類資源；最後，管理是動態的，在一定環境下展開的。（見圖 1-1）

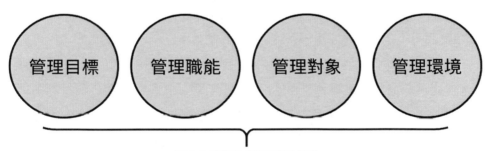

圖 1-1 管理內涵的四個方面

在企業中，幾乎每個人都肩負著不同的管理使命。無論是中層幹部還是基層員工，他們都要面對來自不同部門、不同職位的管理。但不能就此認為，企業的最高領導者即是最高管理者。因為領導者究竟要管多少，在很大程度上取決於組織環境的綜合情況，同時也取決於其領導和管理水準的高低。

第一，要看領導者在其任期的何種階段。

企業發展離不開天時、地利、人和三要素。領導者任期屬於最重要的「人和」要素。

新任的領導者，通常需要拓寬其管理事務的範圍，建立更高策略，促進公司全面發展和轉型；當公司穩定下來之後，他會減少直接管理事務的數量，並對直接下屬成員構成進行調整，從而更大程度的進行間接管理；最後，如果他打算離職或者選擇繼任者，他還會進一步精簡現有的管理事務，為後人留下改變的空間。

第二，要看管理團隊是如何構成的。

一般而言，公司規模越大，管理團隊人數越多，內部相互溝通的管理事務就會越多，就會消耗過多的時間。因此，領導者應該對自己身邊的工作團隊結構做出合理評估和調整。

當副總、助理、祕書、各事業部經理等直接下屬數量增多時，某些老闆就會出現越管越多、事必躬親的傾向；當職能領導者例如行銷長、資訊長等數量增多後，老闆管理事務的壓力將有所分散。為此，老闆在組建管理團隊過程中，可以考慮引進或提升一些策略型專家人才，加入管理團隊，讓他們成為職能領導者。

第三，要適合企業的管理層次。

企業想要有條不紊，就不能隨心所欲加以管理，而是要有明顯的管理層次。

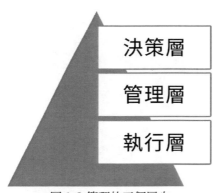

圖 1-2 管理的三個層次

　　現代化公司中有決策層、管理層和執行層。決策層負責經營策略規劃、發展布局制定；管理層負責計劃、控制和組織；執行層則負責具體的執行操作。身為企業的最高領導者，應著眼點於策略層面，而不是管理層面，否則會打破原有的秩序。

　　企業領導者想要真正弄清楚自己應該「管多少」，還需要進一步清楚領導和管理的區別。通常情況下，領導者偏向於做正確的事，而管理者偏向於正確的做事。不過，僅僅知道這個原則是不夠的，你還要學會從下面角度去加以認識：

第一，認清領導者和管理者職責的不同。

　　首先，管理者擔負具體工作管理。包括「時間管理」、「目標設定」、「業績評估」等直接對團隊員工行動結果負責的工作。管理者需要不斷從各個角度出發，利用語言和行動直接對員工加以監督管理和評價回饋。例如：「最近加班太多，效率應該提升」、「這樣的表現很難向公司交代」等。如果在工作過程中忽略了對下屬的直接管理，管理者就難辭其咎了。

　　與此相比，領導者對組織的關注更多在於策略層面。他們不可能去做大量關乎細節的管理，也不能將注意力長期分散到對某個人、某個職位上。

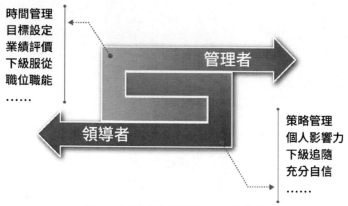

圖 1-3 領導者和管理者不同的職責

　　不僅如此，管理者的身分是建立在報酬和強制權力基礎上的，因為下屬必須服從上級的管理。但領導者不同，領導者之所以能影響其他人，既是因為職位權力，更來自於個人影響力，即和個人的特質和專長有關。

　　從某種意義上來看，領導者必須要得到下屬的充分追隨，而管理者則是依附其職位職能上的。管理者需要設法讓員工服從和信任，但並非追隨，而沒有部下追隨的企業領導者，並非是真正意義上的領導者。意識到這樣的不同，是企業老闆擺脫管理者角色的開始。

第二，展現出領導者的素養。

　　為了實現成為優秀領導者的目標，需要企業老闆去培養和展現自身的素養。這些素養更多集中在和企業內部職位無關的影響力上。

　　（1）專長感，即老闆個人在某個領域是否具有明顯的特長。

　　（2）表率力，即身為企業的負責人，是否具備足夠的個人魅力，能夠以一種無須用語言傳達的方式影響下屬。其中主要因素如品格、知識、才能、毅力、氣質等。當企業家不需要展現職位權力，就能利用這些因素去吸引他人，引起他人的認同、羨慕或敬佩，就具有了這種表率力。

（3）背景力，是指企業老闆因為過往的經歷而獲得的影響力。

（4）親和力，企業老闆和員工之間有著融洽情感，並由此獲得進一步的領導權力。

無數領導力的成功案例證明，這些非職位權力因素，是企業領導者不斷擴大領導力不容小覷的強有力的力量。

第三，勇於創新、勇於顛覆。

如果企業老闆側重於單純的管理，就會始終依賴自己的經驗來管理企業。雖然利用其豐富經驗管理企業，能夠省去很多花在探索過程中的時間和精力，也能夠讓團隊迅速進入工作狀態。但如此片面的領導方式，極易讓經驗成為扼殺企業組織創新的負面因素。一個企業只相信老闆自己的管理經驗，就會讓企業走上不斷僵化、不斷走老路的經營模式。久而久之，其領導力就會下降。

想成為真正的領導者，你就應該擁有不破不立的創新勇氣和顛覆意識，勇於克服自己既往的不足，勇於接受新思維的挑戰。更重要的是，企業老闆必須能夠打破原來形成的認知觀點，勇於為企業的利益承擔革新風險和責任，而不是束手無策的進行日復一日的重複管理，坐等問題按照「以往」的模式進行解決。

領導者只有了解到企業管理的重要性，才能在工作中正確分配比重，以免在事必躬親中消耗太多時間與精力。

第一，領導力更多作用於變革，而管理是為了形成計畫。

中小企業領導者需要關注大量的現實問題：今年的財務預算定多少？需要達到怎樣的利潤目標？下個月企業應該完成多少生產量……這些都需要老闆決定。有了這些，老闆才能夠對企業運行加以預期和控制。

在此基礎上，再進行下一步的實現創新、尋求變革，這些才是真正的領導者的工作。

第二，領導力更多關注人，而管理更多關注事。

中小企業老闆不得不向下屬重複交代如何做好事情、如何把事情做對。但與此同時，他們也應該關心「人」的問題。

例如，老闆應懂得如何激勵員工、培養員工，帶動人性中積極因素，讓所有人都能投入到工作中。此外，還必須發揮對自我的管控力，激發內心活力。充分了解這一點，領導者就不會被紛紜複雜的表象所牽扯，「越管越多」的現象就有望加以避免。

第三，領導力的重點在影響和協調，管理則強調流程環節。

當企業有了清晰的組織架構時，每個職位都設置對應的職業說明書、績效考核指標，並以此作為團隊合作的基礎。但在中小企業內，大量工作需要對內對外的及時協調，這些步驟又並非僅僅依靠流程約束就能夠成功。

在這種情況下，領導者應該對各職位、各部門之間主動協調，包括發揮個人影響力、動用外界資源等。必要情況下，還應該拋棄僵化流程，進行及時變革。

領導者可以隨心所欲

在一項針對中小企業員工的調查中，調查者設計了這樣的問題：「什麼樣的老闆讓你感覺最難以忍受？」結果顯示，67%的回答者選擇了「隨心所欲」。但對於這一結果，很多領導者卻並不認同，他們的看法是：「我自己的企業，為什麼不能想做什麼就做什麼？」

因此，這些領導者經常會按照個人喜惡來管理企業運行、改變決策方向，這不但讓下屬員工感到無所適從，也導致整個企業文化的發展停步不前。

成功的企業領導者，在邁進的每一步中，都有著對現實的冷靜觀察和對未來的科學預測。相反，失敗的領導者卻很少真正思考，後者總是隨心所欲做出決定，這種「隨心所欲」可以說是領導力低下的原因所在。

那些喜歡隨便做出決定的領導者，經常「全憑主觀」來改變企業，他們想要怎麼做就會怎麼做，除了眼前利益和衝動之外，他們並沒有為領導力的實踐來制定預測範圍和執行坐標；他們通常也不會為相關工作制定明確評價標準。

舉例來說，當這種領導者評估員工具體表現時，就很容易因為標準不斷變化而顯得隨意。在這種隨意性之下，員工會習慣性的來試探領導者的言行特點，從而限制或者引導老闆。

某部門的預算金額為 20 萬元，但實際使用的費用為 19 萬元，該部門經理會根據對老闆的了解，斬釘截鐵的在會議上宣稱：「我的部門為公司節省了十萬元。」因為他知道這會得到領導者的高度評價。如果在同樣的

案子中，該部門實際上花費了 21 萬元，經理還是會設法獲得同樣好評，他會聲稱自己已經盡力將超支壓低了，壓縮在預算方案的 10% 中。

上面這樣的事情，在許多企業中頻繁發生，造成許多員工心有不滿。究其原因並不複雜，在於這些企業的領導者無論做出怎樣的評價，都更多來自於個人的第一感覺，甚至是衝動。領導者界定是非功過的標準十分模糊，從而給予一些人可趁之機，但卻對更多員工帶來無所適從的麻煩。

身為領導者，在帶領員工前進時，千萬不要只採信個人內心的感覺，必須中立客觀，防止主觀化的錯誤傾向，更不能陷入盲目性的迷思。

1994 年，A 公司憑藉其生產的口服液在保健品市場上異軍突起，到 1996 年，該企業實現銷售收入 80.6 億元，利潤 8.2 億元。

在一次年會上，該公司總裁提出，到 20 世紀末，A 公司要完成銷售收入 900 億～ 1,000 億元，成為第一名的納稅人。

在這樣的目標下，A 公司開啟超常規發展模式。

1997 年一口氣兼併了 20 多個製藥廠，員工達到 10 萬多人。最終，由於盲目擴大等原因，A 公司陷入了全面危機。

A 公司的教訓說明，領導者無論獲得了多大的成功，都不能未經過深思熟慮和精準的調查研究就進行決策。尤其在中小企業中，企業的創業者、所有者、領導者往往是同一個人，董事會並沒有發揮真正作用，甚至根本沒有股權結構。因此，當老闆發號施令的時候，下屬員工也會「聰明」的選擇服從，他們會認為「我已經盡責，反正企業是你的」。此時，領導者如果還是採取急躁的、模糊的決策，公司的風險值就會增加。

動輒「任性」的領導者畢竟是少數，絕大多數富有經驗的企業領導者，都能夠理智對待自身角色。他們雖然也追求「隨心所欲」，但他們知道，領導力是多麼重要，只是無法做到孔子口中的「不踰矩」。

　　任何企業的有序運行，都源自於各部門在明確規章制度下的協調合作，而領導者也是其中的重要一環。

第一，為權力運行樹立客觀、公正的標準。

　　明智的領導者會看清權力運行途徑上有可能出現的迷思，尤其避免出現下面的四種隨意性危險。

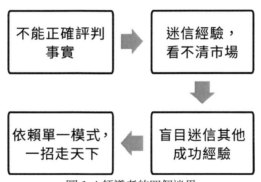

圖 1-4 領導者的四個迷思

　　（1）對事實做不出正確的判斷，而是將虛假或片面的資訊作為客觀事實。

　　（2）看不清市場或政策的變化，盲目相信個人經驗，認定自身判斷永遠正確，結果導致領導決策不斷出現問題。

　　（3）盲目相信「領跑企業」的決策，跟隨他人步伐人云亦云，結果落後於市場變化，最後的優勢在一夜之間全部消失。

　　（4）只信賴對某個問題曾經正確解決的模式，誤以為單一模式能夠完美的應對企業發展中的所有問題。

第二，建立科學的決策機制。

　　現代企業內的分工極為精細，雖然這能夠顯著提高工作效率，但隨之

而來的也包括了資訊不夠暢通的問題。身為企業的最高領導者，其個人雖然可以直接管理各個部門，但也不可能面面俱到。這種普遍的「公司病」，很容易導致老闆拍板的決策計畫只符合某個部門的實際狀況，卻違背其他部門布局計畫。

領導者不妨考慮建立高層為主的決策智囊團，讓不同部門資訊都可以透過智囊團提交匯總給自己，從而充分了解不同部門的情況，客觀推測某個設想是否符合整體實際情況，確保得到行之有效的一致的執行。身處智囊團中，不同部門的負責人也不再只是被動和片面的去向領導者提交情況，在這樣的平臺上，他們可以積極參與策略規劃、分享思路方案，提出個人的看法和建議，為杜絕領導人隨意性而貢獻自己的力量。

第三，不應盲目追求熱門焦點。

在現代市場的激烈競爭中，企業是否能夠及時掌握好市場的機遇、準確選擇好擴張方向，決定著企業未來命運的發展情況。但許多企業的領導者過度在意對機遇的捕捉，又容易陷入盲目追隨市場熱門焦點的迷思。其具體表現為，一旦領導者個人留意到所謂熱門焦點之後，就會動員整個企業的力量進入該領域，但在此之前，卻忽視了充分的市場調查。

實際上，企業領導者在制定決策時，很有可能只看到選擇某個熱門焦點的效益，卻忽視了其背後隱藏的壓力和風險。他們還有可能只看到企業本身優勢，卻忽略自身存在的劣勢。為了預防此類問題，領導者必須更加理性，掌握好市場熱門焦點出現的時間點，分析其從出現到消退的過程，理性的抓住節奏來制定決策。這樣，才能做出更加科學的領導決策。

坐上領導者位置就可以做到所有人都服從自己

　　管理和領導在企業組織中的作用極其重要，其價值各自不同。企業家如果只重視領導力，忽視具體管理，那麼企業就會面臨失控風險；反之，只關注事務管理，卻沒有培養和發展領導力，企業就會外強中乾。

　　目前情況下，中小企業往往更容易出現後一種問題。其具體表現為，最高領導者的管理範圍太大，每個部門、每個職位，都能感受到「大老闆」的存在。而領導者卻理所當然的認為：既然坐在領導者的位置上，那所有人都必須服從於自己。

　　然而，現實卻是，即使其插手使得事務部門的現狀出現改變，但這也僅僅限於老闆出現時，當他轉身離去，原有情況依然故我。

　　那麼，老闆的管理無處不在，是否真能為企業開創輝煌的未來？答案是否定的。與此相比，領導者想要在企業內發揮更高的影響力，並不在於權威與服從，他們其實有更好的影響方式 —— 「隱性」領導。

　　「隱性」領導，是指下屬被領導者在不知不覺中引導帶領。在沒有感覺到強迫和束縛的情況下，員工工作狀態就發生了有益變化。

　　隱性化的領導，需要領導者有深厚個人修養、高超管理藝術。

　　1994 年，戈登・貝修恩（Gordon Bethune）擔任了美國大陸航空 CEO。這家全美第五大航空公司每月虧損接近 5,500 萬美元，內部管理糟糕，對外服務也同樣糟糕。

　　貝修恩了解到，自己是企業的領導者，而並非管理者。他決定，充分發揮個人的影響力，將企業的管理方式由「被動運行」成為「自我管

021

理」。為此，整個企業中每個層級都需要賦予下屬充分價值，讓員工帶著興奮感去追逐工作目標。

很快，公司規定，如果當月大陸航空航班準點率能夠進入全美前五名，公司就會發給每個員工獎金。另外，如果企業全年盈利，員工也能拿到分紅。到 1995 年，大陸航空航班準點率成為所有航空公司的第一位，獲得 10 年來的第一次盈利，股票價格也從 3.25 美元飆升到 50 美元。

看起來，貝修恩並沒有像他的前任 CEO 那樣事無巨細的進行管理，他只是改變了 CEO 這個位置影響企業的方式。

企業領導者不是火線上的英雄，不需要單槍匹馬面對問題，而是要動腦筋來為組織服務；也不需要處處指揮，而是要時時心繫下屬。這樣的領導方式或許沒有展現出領導者的權威，看上去也並不耀眼，但卻蘊含著成功的可能性。

良好的「隱性」領導力，具有五大方面的顯著特點。

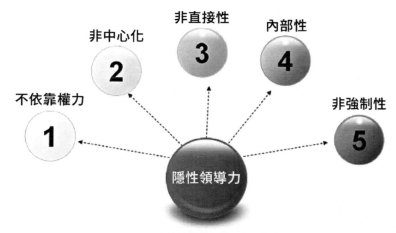

圖 1-5 隱性領導力的五個特點

第一，隱性領導不依靠權力。

　　隱性領導力主要是依靠非職位權力因素來發揮。例如，領導者用人格和品德的魅力、自我約束的示範作用來進行管理，更改原來的管理制度，創造新的輕鬆的工作氛圍，或者更新流程來解決既有阻礙等。相比職位權力因素，這種改變的方式更為持久和深入。

第二，隱性領導力的非中心化。

　　由於中小企業老闆本人往往就是企業的創始者，整個企業必然帶有大量個人色彩，在此情況下，如果還是不斷強化個人的影響力，就很容易陷入極端，將企業變成「一言堂」。當企業文化單一，就會阻礙企業發展的速度。

　　企業領導者不要總站在事務情境的中心，應該有意識退到員工關注力的邊緣。

第三，隱性領導力的非直接性。

　　大多數老闆都習慣使用顯性領導力來影響企業。相比之下，隱性領導力所產生的間接作用更大。領導者可以不斷設計出新的權力使用情境，在企業內部各管理層間互相滲透，最終影響到每一個員工。

　　需要注意的是，情境本身並不需要領導者個人在場。相關的領導模式，可以借助事先規劃好的路徑，在企業各部門中不斷複製，最終達成管理目的。

第四，隱性領導的內部性。

　　顯性領導力是表象的，領導行為主要是解決來自外界的壓力，這些行為大多能被觀察和測量。相反，面對內部壓力，需要多採用隱性領導。雖

然其結果並不容易被計算和感知，但可以更多表現為員工體驗和感受的改變，呈現出微妙的心理變化、情緒反應，這樣，員工的價值觀、集體的工作情緒都會有積極改變。

第五，隱性領導力的非強制性。

隱性領導強調的是在「不知不覺」中管理企業。依靠書面、口頭或程序上的強制命令，會顯得過於直接。另外，隱性領導應該做到因人而異、因時而異和因事而異，運用不同的方式方法，進行人性化管理。

另外，隱性領導具有多樣化、複合化等特點，根據不同的需求調整組合。

由於隱性領導存在上述特點，想要正確使用，還不能遺漏下面幾點原則：

第一，強化員工共同意識。

想要達到隱性的境界，同樣需要全體員工的積極配合和達成共同意識。在企業家的率領下，員工從上到下形成共同的願景、價值觀和奮鬥目標。這樣，隱性領導力才會發揮更大的作用。

另外，隱性領導力還需要領導者和被領導者有強烈的彼此認同感，雙方可以積極相互接受與合作共進。員工會成為追隨者，不斷的認可老闆為企業創設的目標。有了此種心理狀態，追隨者的工作行為將很容易受到來自領導者的暗示和引領，不斷提升自覺性，在積極影響下自發工作。

在理想的隱性領導情境中，員工感覺不到領導者給出的壓力，也感覺不到領導力的發揮。員工表面是按照個人意志和工作習慣在組織中行動。但事實上，他早已經接受了領導者的強大影響。

第二，強調平民化領導而非英雄化領導。

漫長的歷史發展過程中，傳統文化形成了對英雄的推崇，並進一步沿襲成為組織中的英雄化領導傾向。但在網際網路時代中，平民角色更大程度的得到了重視，「英雄形象」逐漸失去原本優勢的話語權，實際地位已下降。

在企業組織中，每個人都希望和領導者心意相通，都希望發自內心去行動，而不是被動的跟隨。這就需要領導者更加尊重基層員工，提示而非強迫他們，鼓勵而非命令他們，為他們的自我改變，創造機遇空間。

整體而言，隱性領導要求領導者能發自內心的從「神壇」上走下，其作用不在於限制和束縛，而旨在潛移默化的幫助所有人。

坐上領導者位置就有了領導力

　　領導力的產生，是領導者的權位天然賦予的嗎？這也是很多領導者最常陷入的迷思，他們自以為坐上領導者位置就有了領導力。但現實卻是，無數人坐上了領導者的位置，並非獲得了所有員工的認可，甚至連能夠領導組織走向成功的人少之又少。

　　領導與管理區別在傳統文化中也早有呈現。其中最典型的，是《西遊記》中唐僧和孫悟空兩大藝術形象。雖然同屬取經團隊，但他們待人、接物、做事、思考的方式迥異，為領導與管理的差別做出了最形象生動的注腳。

　　眾所周知，《西遊記》中唐僧師徒四人，性格、能力完全不同，經歷了各種危險波折，最終還是共同闖過九九八十一難，取得了真經。相比《水滸傳》上看似團結實則鬆散的梁山和《三國演義》「劉關張趙諸葛」領導下最終失敗的蜀國，只有唐僧領導下的西遊團隊獲得最後的勝利。

　　唐僧在整個西遊團隊中，看似是最缺乏才能的，但卻有著最高的領導力。他肉體凡胎，沒有任何降妖除魔的能力，連白龍馬都不及。但他卻依然被「取經過程」中的所有人看好，包括如來、觀音、玉帝、唐太宗等人，無一不信任有加。相反，孫悟空雖然戰鬥力超群，但其領導力不足，在花果山時期就已經初露端倪。有理由相信，如果把西遊團隊交給他來領導，必然會以失敗而收場。

　　無論是宋江，還是「劉關張趙諸葛」，其個人能力都十分頂尖，也都坐上了領導者的位置，但其最終結局卻是失敗；而如孫悟空這樣的「齊天大聖」，更是將花果山領向被天庭覆滅的結局。仔細區分唐僧和孫悟空帶團隊的方式，我們能夠看出下列不同：

第一，是否給組織一個明確的目標。

唐僧有著堅定的使命感。從信仰上看，他願意為佛教傳播事業付出努力。從利益上看，他肩負皇恩，又接受了如來、觀音的任務，成為各大風投的關注對象，只能前進而沒有後退的空間。正因如此，他努力將目標傳播給整個組織，不僅以目標來激勵員工，還用他為了目標而身先士卒、不斷前進的勇氣去影響下屬，提高他們的思想認知，獲取他們的尊敬信任。

圖 1-6 具有明確目標的三個表現

與之相比，孫悟空就沒有這樣堅定的目標了。他參加取經團隊的最直接原因只是為了獲得自由，其次的最大樂趣就是降妖除魔。如果說有什麼追求，那就是為了傳揚「孫爺爺」的威名，是典型的技術型菁英員工。因此，即使他個人能力強大，卻找不到可以說服其他員工信仰的目標，也無法為整個團隊設定出偉大願景。

由此可見，企業領導者本人應該是企業目標的信奉者、傳承者和傳播者，只有先確保自己能夠真正設立並追求的目標，才能以身作則，凝聚所有成員團結，在團隊中追隨自己、共同奮鬥。

第二，是否擁有足夠的權威。

如果唐僧沒有緊箍咒，大概早就無法轄制孫悟空了，還可能有生命危險。同樣，孫悟空對豬八戒、沙僧的「領導」，之所以缺少操作可能，也就在於他沒有領導者的權威感。

孫悟空想要領導取經團隊，在個人影響力上很難合格。他雖然被尊稱為大師兄，但論出身資歷，他都比不上在天宮中人脈廣闊的師弟們。相反，唐僧雖然只是普通人，但卻得到了整個「市場」的承認，獲得了「董事會」的任命。因此，孫悟空即使賭氣一跟頭翻出十萬八千里，但依然會被緊箍咒牢牢控制，而豬八戒如果賭氣回高老莊，孫悟空除了打死他而別無他法……可見，領導者想要帶動組織，除了強調目標之外，還必須有權威性。這種權威的合法性，能夠讓每個層級、每個員工對領導者保持敬畏，進而產生追隨願望。推而廣之，管理者和領導者的區別，就在於是否具有這種無處不在的權威感。

通常，合格的管理者在工作現場時，團隊起碼表面上能夠正常運轉。但對領導者的要求卻遠不只此 —— 即使他們不在，企業組織也同樣一如往常，而且充分投入。因此，如果管理者沒有這種權威，實際上就不能稱為領導者。

當然，在《西遊記》中，唐僧運用權威的次數，遠遠比動用權力的場景多。他經常提出的是自身權威的合法性，例如「菩薩讓我去西天取經」、「我受皇帝恩典」等。但他只有當孫悟空犯下大錯時，才會使用緊箍咒施加懲罰。這對於企業領導者也有相當的借鑑意義。

要知道，領導力需要管理方式，管理方式需要權威，權威需要行使懲罰權力，但懲罰不能過度。一些不成熟的企業老闆認為只有依靠懲罰，才能樹立權威，其實片面相信懲罰的力量，反而容易走向極端。

第三，是否堅持自我約束和以身作則。

唐僧之所以能夠擔任取經團隊的領導者，在於其時時、事事都能以身作則。無論組織大小、水準高低，領導者始終都是會被置於放大鏡下被充分觀察的，其一言一行、一舉一動都會影響員工。

唐僧禁止殺生，自己堅決不殺生；禁止貪財，自己也絕不貪財；禁止飲酒，就堅決不飲酒；禁止近女色，自己也能防意如城。在出發前發出的誓言如「見佛燒香、見塔掃塔」，也都一一做到了。

即使在沒有外來監督的情況下，唐僧也一樣能夠做到積極約束自己、以身作則，這樣的領導者足以透過對自我的嚴格管理，讓員工們敬佩不已。這既是普通員工所做不到的，同時也是組織帶頭人所需要遵循的基本原則。當你約束了自我之後，才會因此產生他人所不及的人格魅力，獲得下屬發自內心的學習和追隨。

相反，孫悟空雖然在花果山時就很受歡迎，能夠和猴子猴孫同甘共苦。但他缺乏對自我情緒和行為的約束能力，動輒就能闖禍，然後一走了之。即使在取經路上，也並沒有處處以身作則，反而由於抵擋不住人蔘果的誘惑而帶著豬八戒、沙僧犯下錯誤。這樣的管理者經常會在小範圍的團隊中受到歡迎，但由於對自身約束能力的不足，導致領導力提高遭遇瓶頸，無法成為取經組織的領導者。

第四，是否具有系統的專業知識。

唐僧自幼經歷坎坷，從小就有遠大志向。少年起就在金山寺、洪福寺等知名寺廟系統學習了佛學知識，後來又進入大唐最高的佛學機構進修，並為皇室、王公大臣等開辦佛學講座，獲得了唐太宗李世民的親切接見和高度評價。這一切足以說明，唐僧本人具備了系統扎實的專業知識和業務

能力，在佛學問題上，他有足夠的資本去教導取經團隊，同時震懾和教導下屬。事實也正是如此，一路西行，無論是沿途談話，還是到了佛家古蹟，唐僧都能說出相關知識和道理，讓下屬們敬佩不已。反觀孫悟空，其學習經歷比較短暫，獲取的技術能力更多憑藉個人悟性，而並沒有經過提升和整理，這也是他難以成為取經團隊領導者的重要原因。

除此之外，唐僧西去路上，一路上不斷用談話和示範的方式，教育著整個團隊如何做人、做事。取經團隊成員的心性因此不斷成熟，相互之間的矛盾不斷趨於平和，最終修成了正果。

這說明，身為企業的領導者，不能眼裡只有自己確定的目標，而是要將企業發展與下屬個人成長結合在一起，時刻不忘對他們進行教育和訓練。這樣，才是真正心繫部下的領導者。

雖然《西遊記》中的唐僧也有著種種人性缺點。但必須承認，從領導力上看，唐僧始終在不斷提升自我，如果沒有他的努力，就不會有取經團隊的成功。唐僧身上所表現出的優點，是每個企業的老闆都應該學會的。

做領導者就可偏心

很多領導者的用人習慣就在於任人唯親。在處理組織內部關係時，他們總是偏向於關係更親密的一方，無論是衝突協調，還是職權管理，均是如此。他們的理由在於：關係親密往往意味著忠誠，給予資源協助也理所應當。

身為領導者，在管理組織時，確實應該有所偏向，但並不是盲目偏向親密關係的一方，而是要根據企業的規章制度和個人能力，給予晉升機會或獎金鼓勵。按章辦事、任人唯才，才是身為領導者的必修課。

企業內部存在員工之間的競爭乃至衝突，完全是合理而必然的。當員工之間存在著你上我下的競爭關係之後，他們才能懂得什麼叫居安思危，懂得及時學習和提高業務水準的重要性。有了壓力，他們才會樹立進取意識、積極主動而毫不鬆懈。這樣，組織將會不斷壯大和發展。

因此，當領導者面對員工紛爭時，應該保持清醒、理性、冷靜的態度。既不能不分青紅皂白，對所有出現的衝突一律加以壓制，也不能因為和某個下屬關係更為親近，或者對其更為欣賞，就明顯傾向於其。那種身為領導者，卻採取看似居中調和、實際有所偏向的態度，是最為危險的。這種做法表面上公平公允，實際上已經將領導者自己捲入了紛爭之中。

此時，員工之間產生衝突或競爭時，他們的想法並非據理力爭，也非學習提升，而是維護與領導者之間的關係，從而獲得資源協助。長此以往，企業自然會走向官僚化，真正有才幹的人，也可能由此被擠壓出去。

武則天稱帝時，狄仁傑和婁世德都是朝廷重臣，但兩人之間存在不和。武則天一開始默認了兩人的競爭關係，但隨著事態深入發展，她決定介入調和。根據研究分析的結果判斷，問題癥結在於狄仁傑的恃才傲物

上，他對婁世德一向看不慣，總是在設法排斥。

於是，武則天招來狄仁傑問：「我信任並且提拔你，你是否知道其中原因？」

狄仁傑說：「皇上聖明，能夠看到微臣的些許才德，這是皇上的恩典。」

武則天沉思一會說：「其實，我原本並不了解你的情況。你之所以有今天，能夠得到朝廷的重用，都是依靠婁世德的推薦。」

聽到這句話，狄仁傑連忙跪在地上，向武則天承認了自己的錯誤。武則天並沒有責備他，而是讓其自己反省改正。

此後，狄仁傑拋棄了對婁世德的錯誤看法，兩人雖然存在競爭關係，但卻再也沒有過分的矛盾衝突。

面對下屬的不和，武則天並沒有直接去批評狄仁傑「恃才傲物」，更沒有強行要求狄仁傑低頭認錯。她只是擺出事實，做到真正的調解。當面對員工之間的衝突紛爭時，領導者應該秉承著「對事不對人」的原則立場，理性、客觀的採取相應措施。

圖 1-7 處理員工之間衝突的方法

1. 不要壓制員工之間的競爭

具有一定限度的紛爭，能夠對企業產生良性作用，領導者完全可以容忍並管控這樣的紛爭。當然，這並不一定需要你去具體做出什麼表示。相反，你可以用表面上什麼都不做，或背地裡暗示、默認的方法，讓紛爭的雙方獲得鼓勵。

當然，這種鼓勵也須掌握好尺度，因為一旦不加以引導，失去控制，就有可能帶來意想不到的風險。

領導者應將衝突範圍局限在工作事務之中。例如，員工相互之間存在著一較高低的氛圍，那麼領導者就應該和他們溝通，引導他們將能力展現在工作過程和結果上。反之，一旦衝突牽涉到了員工之間的私人恩怨，又或者出現了違背企業組織整體利益的行動，那麼領導者就必須要使用不同方法進行調和，阻止衝突的進一步擴大化。

2. 用處理衝突的能力來考驗員工

領導者需要的不僅僅是員工，更需要優秀人才。在挑選人才的過程中，你不能只是看工作能力、履歷或者部門業績，因為這些表現的更多是其過去成績，不能表現出下屬在未來所需要的素養。

為了能夠觀察員工如何面對壓力考驗，不妨多觀察他們是怎樣處理較為棘手的人際關係、工作策略的衝突。透過員工在衝突中如何展現態度、選擇立場、相互評判等過程，判斷他們的修養和胸懷，並以此作為考核對方的依據。

當然，並非每一次衝突的發生都會是考驗員工的良好機會。一旦發現衝突本身並沒有什麼意義和價值，領導者需要做的就是出面叫停，並給出最終的決策評判。這很可能讓正在爭執的雙方有所不滿，但你可以透過鼓勵和安撫，讓下屬感到安心，並避免進一步懷疑你的偏心。

3. 適當調整員工位置，而不是有所偏向

在企業內部的衝突和紛爭中，很大部分原因來自於部門和職位之間的利益分配問題。無論是出於對立中哪一方，所有人都會儘量維護自身所在的集體利益，而對衝突的另一方則會用盡手段。

這種「本位主義」的產生，既和傳統的小農理念有關，也由於雙方溝通不夠或對對方情況不了解、不能夠站在對方角度去思考。

為了解決這樣的情況，領導者可以將雙方的職務加以調整，讓他們能夠站在更加高遠的策略角度來看待自己原先的部門，從而形成更開闊的工作思維。這樣，對立的根源有可能就會迅速消失。當然，這也要和具體工作的性質、雙方特長加以結合，而不是盲目進行調整。

員工之間的矛盾的確可能破壞組織中應有的和諧局面，但領導者不應害怕與迴避。正如金庸在《笑傲江湖》中所寫道的：「有人就有江湖。」沒有內部衝突的企業，無法成為出色的企業，而不擅長利用和消解衝突的領導者，也無法成為傑出的領導者。

領導者只需要下命令即可

　　領導企業發展，常常被比喻為領軍作戰。因此，領導者大多十分嚮往這樣一種領導方式：一聲令下、全軍出擊。為了實現這一目標，很多領導者強調命令的無條件執行，即領導者負責下命令，下屬負責執行。

　　然而，企業員工並非機器人，他們有著自己的主觀能動性 —— 這也是員工創造力的重要來源。如果下屬根本不理解，或是不認可領導者的命令呢？這種領導者只須下命令的做法，也就難以產生領導者期待的效果，即使看似「全軍出擊」，但內裡卻是「一盤散沙」。

　　從心理學上來看，當一個人在尚未理解命令內容的情況下，受到強制性的要求，很容易產生反抗效應。即使是同樣的命令內容，在員工自願去做和被強制去做的情況下，效果會相差很遠，後者顯然會讓他們降低原有的工作效率。

　　從文化傳統上來看，典型的農業社會，人們以個體和家族的利益為基礎，其上才會顧及到社會和國家利益。因此，在明清之前的皇帝，實際上能命令的，也只是那些和皇室存在利益相關的官宦豪族，借助他們的力量促使國家機器運轉。與此同時，地方勢力更是憑藉其錯綜複雜的家族關係，加上宗族內部的協商和裁決制度，掌控著廣袤的社會基層力量。

　　無論是心理還是文化的因素，都影響著中小企業的現狀：領導者直接對員工下達命令，而忽略了溝通的作用，最終導致企業效率低下。但與此相反，如果領導者懂得如何使用溝通的藝術，就會得到員工行之有效的執行力，企業也會日新月異。

　　可見，無論是下命令還是溝通，都需要領導者懂得在尊重企業和員工

基礎上進行適當變通，懂得如何透過協調去進行變通。

　　與儒家所謂「君君臣臣父父子子」的僵化體制不同，老子並不主張居上位者的所謂尊嚴和神聖，而是強調領導者採取迂迴方式，可以「居上謙下」。為此他這樣寫道：「江海所以能為百谷王者，以其善下之，以其善下之，故能為百谷王。是以欲上民，必以言下之，欲先民，必以身後之。是以聖人處上而民不重，處前而民不害。」這段話的意思是說，江海之所以能夠成為溪谷的領袖，是因為他們能夠處於溪谷的下游。同樣，領導者希望引領民眾，必須要學會怎樣放低姿態與他們對話；希望領導民眾，必須要知道如何將自己的位置放在他們後面。這樣，當聖人處於領導位置時，民眾不會感覺是負擔，而處於前面時，他們也不會認為有害。

　　遵照這樣的哲學原理，他們將成功的引導整個企業，讓員工習慣於跟隨決策。當老闆以商量的口吻來和員工進行溝通時，表現出了對員工的尊重，員工感到自己類似於企業的合夥人角色，這樣他們將能非常樂意說出意見。當企業形成這樣的風氣之後，就能夠做到集思廣益，員工的工作積極性也會就此提高。

　　松下幸之助非常推崇東方的領導思想哲學，他管理著龐大的公司，但一般情況下，當他想要對下屬發布指示或者命令時，總是會採取商量的口吻：「這件事情，我是這樣想的，你的意見呢？」或者「說說看，你對這件事情是怎樣思考的。」那些資歷比較淺的員工，一開始並不知道怎麼說，但他們很快發現，董事長對自己很尊重，真的希望知道自己的意見，甚至還為此準備了筆記本來加以記錄。於是，他們也就開始認真的思考和發表看法。

　　松下幸之助認為，單純的發布命令，只能獲得表面上的效果。相反，如果在命令之前先進行商量式的溝通，能夠拉近領導者和員工的距離，也

能夠預先將命令內容傳達給員工。這樣，組織會具備更多活力，領導工作也更加順利。

領導者不要指望向員工發出命令之後，他們就馬上如同士兵那樣去完成事情。須知，由一般人組成的企業，當然和經過嚴酷訓練的軍隊不同，雖然在企業中下達命令是必要的，但領導者更應該用商量的口吻來對命令加以整合和包裝。

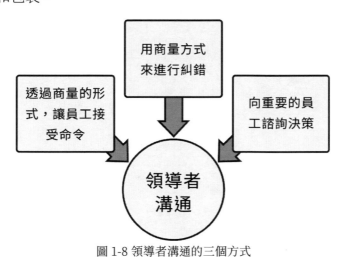

圖 1-8 領導者溝通的三個方式

1. 透過商量的形式，讓員工接受命令

即使你想要推廣的是硬性決策，也不適合總是用單純命令形式進行。反之，你可以採取商量的方式，讓下屬將心中的想法說出來。如果你發現下屬所表達的意見中存在有益成分，不妨直接說出你打算如何吸收。這樣，下屬會感到自己的想法或意見被採用，決策本身也有了他們的主觀意志，所分配的工作也就更加接近其「自己的事情」。由於商量過程中他們也做出了表態、進行了承諾，自然會更好的完成工作。

2. 用商量方式來進行糾錯

人非聖賢孰能無過。員工既然是普通人，很可能在工作中出現某些錯誤。對於那些並沒有造成嚴重後果的錯誤，在你準備指出之前，最好先要能夠將批評指責變化成為商量。

員工所犯的錯誤，但他們並不願意所犯的小錯曝光在同事或客戶面前。一旦領導者採取強制性的命令要求其曝光，他們很容易感到難堪和憤怒。為了避免這樣的做法導致下屬出醜，必要情況下，領導者應該透過商量的形式，暗示自己已經知道其錯誤，希望其改正。由此造成的壓力足以讓其深思，吸取經驗教訓。

成熟的領導者經常會找下屬這樣探討糾錯：「我想和你談談最近你工作狀態的問題。」或「我覺得你這樣的做法不妥。」這樣的溝通方式首先確定了問題只是局部範圍，其次在話語中含有商量口吻。相反，如果說「你最近怎麼回事？」、「你真是喜歡自作主張啊！」即使領導者出於好意，但在接受方看來，也是難以忍受的。

3. 向重要的員工諮詢決策

在企業內，領導者下達決策之前的行為，直接影響接下來執行力度。錯誤的決策流程是由領導者和少數高階主管簡單的形成決策，並進行公布，接下來整個企業所有人都要照之執行。但這樣的方法容易導致大多數人並不了解決策發表的前後背景，既談不上理解，也談不上迅速找準執行方向。

相比這樣的方法，領導者不妨在發表決策之前的不同階段，邀請企業內不同層次、不同級別的重要員工進行諮詢。由於這些重要的員工分別肩負關鍵性的職位使命，他們提出的意見經過整體吸收，會為領導者呈現企業情況的全貌，具有更大的參考價值。

第二章

領導者的 8 個資質

第一資質：使命感

　　企業經營的目的是什麼？領導者的領導目標又是什麼？如果領導者的答案只是簡單的盈利，那麼，企業也將由此陷入平庸，難以實現龐大成就。事實上，只有在偉大使命感的激勵下，企業組織的各個單元才能協同運作，以驚人的工作積極性，創造一個個又一個堪稱奇蹟的成績。

　　指甲剪是我們日常生活中必不可少的清潔工具。在過去，我們還是用小剪刀來剪指甲，可是，隨著指甲剪進入市場，我們不得不驚呼：「這發明太天才了！」

　　但是，到底是誰發明了指甲剪，又是誰將指甲剪發揚光大的呢？

　　梁伯強被譽為「指甲剪大王」。當指甲剪剛進入市場時，很多企業家都不願意經營，嫌棄它利潤太低，小企業想進入這個市場卻又缺乏必備的能力。梁伯強則不同，他經營的指甲剪公司成為了當地市場第一、世界第三。「二片式指甲剪」是他發明創造出來的，指甲剪產業標準是他參與制定的，那麼，他到底是怎樣指引員工走向成功的呢？

　　從產生經營指甲剪的念頭開始，梁伯強就開始自費到全球市場上去進行調查，並立志成為「世界指甲鉗之王」。梁伯強用行動告訴我們，「你想成為什麼樣的人，你就能成為什麼的人。」而他的員工們也就是追隨著他不惜一切的努力工作著。

　　梁伯強的技術投資之大，讓人咋舌。公司成立之初，他就設立了超高標準的測檢中心和研發中心，積極收集全球技術資訊和競爭產品資訊。業內的技術人才都被他重金收入旗下，大型經銷商也都被他的讓利所吸引。產業標準的參與制定，使他的指甲剪可以更容易成為產業領導產品。

梁伯強要成為「世界指甲剪之王」，許多指甲剪公司都嗤鼻以對、員工也不置可否。可當他的公司成為當地市場第一時，大家開始真正相信，這個小個子的男人是真的有能力征服世界了，員工也開始以最大的工作熱情為此努力。

如非「世界指甲剪之王」的使命感，梁伯強又如何能夠勇於投入如此龐大的科學研究資源？業內技術人才又如何會紛紛投奔？

正如孟子在談及自己的政治抱負時，他能夠說出：「夫天未欲平治天下也，如欲平治天下，當今之世捨我其誰也！」除非上天還不想平治天下，上天若想要平治天下的話，那麼當今之世除了我之外還有誰足以當此重任呢？

只有在這種「捨我其誰」的使命感的驅使下，領導者才能採取更加積極的行動，企業員工的積極性才能由此被帶動，整個團隊也因而進入一種自動自發的工作狀態。

使命感是領導者最重要的資質，也是其領導力的重要泉源。也正是使命感，才能讓領導者與企業在面對諸多困難與險境時，能夠作為一種強大的內在驅動力，驅動企業不斷突破現狀、迎向成功。

第一，使命感源自強烈的信念。

使命感其實是一個人在世界上的定位，也即其對社會的承諾。如藝術家的使命是創造美好，教育家的使命是教育真理一般，領導者也應明確自己的使命。但使命其實是一種自主的選擇，容不得任何虛情假意，更非外部強加。

因此，領導者的內心必須存在強烈的信念。這種信念推動著我們追逐崇高的人生目標，進而外化呈現為領導者的使命感特質。

在儒家傳統文化的語境下，人生目標的昇華在於格物致知、誠意正心，以此修身，進而齊家，最終平天下。

而在企業組織文化的語境下，每位領導者都要捫心自問：我要做什麼樣的人？我要什麼樣的未來？我對家人、社會、組織負有什麼樣的責任？我要怎樣度過我的一生？

第二，使命感發揮作用需要獲得認同。

只有當領導者的使命感得到組織認同時，企業員工才能積極發揮主觀能動性，進而推動使命的實現。正如梁伯強關於「世界指甲剪大王」的使命一般，如果沒有企業員工的認同，他的夢想也難以成為現實。

很多人會將激勵看作一種「煽動」，而使命感往往能夠產生最佳的「煽動」效果。領導者必須學會用鼓舞人心的話語激發員工的工作熱情，用振奮人心的訊息打造員工的工作信心。

讓員工相信前景是光明的，並不是讓領導者給員工畫餅，而是制定出一套實現使命的系統制度，明確方向、確認目標、協同努力。這就要求領導者積極與員工進行深入切實的交流，不是去「煽動」，也不是去宣傳，而是腳踏實地的告訴員工其工作價值所在，以雙向溝通實現互相認同。

第二資質：自信心

「勝人者有力，自勝者強」。老子用這句最樸實的話，為後世的領導者揭示出真理：想要戰勝企業發展中的種種困難，不僅需要領導者的個人能力和魅力去吸引下屬，贏得肯定，還要有強大的內心力量戰勝恐懼和疑惑，獲得超於常人的自信心。有了這樣的自信，才能真正做到戰無不勝。

如今，許多企業領導者越來越意識到外在形象對於領導力的重要性。當自信心融入你的血液和靈魂之後，就會像老子所描述的那樣「自勝者強」，為你帶來成功和強大的光輝。當你擁有這種對自我和下屬的信任感之後，其內在的力量感，就會透過你日常的外表，舉止乃至語言和表情所展示，從而潛移默化的改變每個員工對企業的看法，用無可代替的感染力建構成企業文化的一部分。反之，那些缺乏自信的領導者，即使西裝革履、故作嚴厲，但他們傳達出的始終是難以依賴的軟弱。尤其是當外界環境發生改變，產生消極影響之時，領導者的焦慮會不由自主的向組織傳遞，引起企業整體的戰鬥力下降。

著名的管理學者班尼斯（Bennis）說：「無論如何，成為領導者與成為你自己，其實是同義詞，看起來簡單，但也很困難。」所謂成為你自己，意味著一個人必須成為個人生活的塑造者和主宰者，而不是依靠家庭、朋友、學校和社會來完全掌控個人行事的方向。換而言之，如果一個人對如何做好自己都毫無信心，又能如何去帶領一個組織前進？

企業家想要擁有充分的自信，需要下面四點最重要的內涵：

第一，追求更內在的個人願景和熱愛。

　　領導者在剛剛事業起步時，或許會問過自己：為什麼我要如此努力？許多人曾經想到的答案或許是管理企業所能帶來的成就感，或者是金錢上的回報。但如果你想有更多的自信，就要更加充分的認識自己，樹立更加內在的個人願景並產生熱愛感。

　　個人願景與外在的目標不同，它往往是不可量化的。

圖 2-1 個人願景的表現形式

　　例如，領導者可以將自己的目標設定為擁有多大規模的企業、多少可以上市流通的股票期權，或者推出多少令市場欣喜的產品等。但內在的目標，則是領導者心中期望自己可以成為怎樣的人，擁有怎樣的生活和心理狀態。相比外在目的，這樣的個人願景。能夠幫助企業領導者更好面對深層次的自我動機，即自己想要有怎樣的個人價值和社會評價，想要身處怎樣的工作環境中，想要讓家人分享怎樣的榮譽……透過明白確定這些，領導者會有更大理由去積極發現自己和相信自己。

第二，堅持本色和風格。

　　領導者在工作原則上都有其相同之處，但受到其個人能力特點的影響，他們的工作風格注定不同。例如，一些領導者相當強硬，另一些則謙卑平和，有一些智力過人，另一些人則才華平庸。但個人特點的迥異，並不妨礙他們對領導藝術的學習和掌握，形成各自的領導風格。企業家並不需要模仿所謂標準的「領導力特質」，而是在認識和接受自身特點的情況下，繼續堅持做好自己的勇氣，並獲得應有的成果。

第三，懂得等待的重要性。

　　領導者在企業管理中做出不同選擇，固然期待馬上就看到良好的結果。但另一方面，他們也需要了解堅守和等待的重要性。如果領導者認定某些事情是對的，就要堅持做下去，而不是一味追求速度，希望投入之後就要立刻見到成效。

　　例如，當企業發展到一定程度時，領導者落後的專業知識和技術經驗就會成為整個企業發展的瓶頸。即使如此，領導者也應該做出榜樣，積極參加培訓，透過學習和探討來接受新知識。同時，他們還要給員工一些時間去積極充電，而不是迫不及待的希望馬上招來新人填補空缺。

　　只有懂得等待之後才能看到變化，你在投資人或者商業合作夥伴面前才會充滿自信，也能就相關問題從容不迫的向員工們進行解釋，平復他們的焦急心情。

第四，不要在員工面前流露出擔心。

　　領導者對競爭對手、對市場的關心是必須的，但如果總在擔心競爭對手則是另一回事了。這種擔心一旦流露出來，就會引起下屬員工最大程度

的惶恐和擔心。因此，聰明的領導者不會流露出擔心，而傑出領導者則會審時度勢，正確觀察競爭對手並捕捉機會，他們也根本不會把時間和精力浪費在擔心上。

此外，積極的領導者還會重視公開溝通的機會。他們會積極參加社交場合的活動、發表公開演講等。這些行動既能為企業帶來更好的展示機會，同時也能提升自我信心，並讓員工從中同樣汲取到足夠的精神動力。

第三資質：尊重心

在西方，領導力學說發軔於企業管理理論，而該理論總共經過四次變革：

第一次變革，經驗管理走向科學管理。泰勒制管理模式將僱傭工人看作精準的機器人加以計算；第二次變革，將僱傭人員作為經濟人看待。管理開始以市場為中心，注重採取更多物質激勵的手法去帶動員工積極性；第三次變革，企業專業經理人出現。身為社會人，他們有可能成為股東而與企業長遠利益捆綁。

上述三次變革，都是基於程序化的管理模式，員工在其中沒有被看作「自然人」。但伴隨著資訊時代的到來，催生了企業管理理論的第四次改革，將員工作為人來看待。員工不可能再是「機器人」，也不可能僅僅扮演經理人、社會人，由於網際網路大背景下，每個人真正成為社會的一個單獨細胞、單獨節點，因此員工必須被看作全方位、立體而獨立的「人」。

企業管理理論的第四次改革對領導者提出了很高的要求。領導者應將每位員工都放在最能展現其個人能力特點的環境，並且擁有身為人的工作自主權、選擇權、調整權和創新權。將員工視為獨立的人，最終能夠讓領導者採取一種領導力模式，就能適應不同情況的市場環境 —— 因為員工會作為「人」而自行調整。

西方企業所經歷的管理模式變革歷程，無疑證明了員工「人」的因素越來越被重視。英國《金融時報》對世界五百大企業的 CEO 做出調查，結果顯示：無論一個人是否具有足夠的才能，如果他自身沒有得到應有的尊重，是不可能充分發揮其所有的才智來為公司服務的。只有他得到了情感和心靈上的滿足，才能自由的發揮其能力。

這也印證了老子學說對領導力之道的揭示 —— 人法地、地法天、天法道，道法自然。在老子思想中，人是世界上最寶貴的精華，是「道」的具體表現，領導者如果不尊重下屬，那麼下屬眼中也不會有他的價值存在。

尊重每一個人，應該成為企業文化必然擁有的主題。領導者會從對員工的尊重出發，提供多種因素進行綜合，賦予整個組織更強大的生命力。其中包括企業的組織結構、體制設計、企業文化和價值準則等。這些因素應該相互配合與強化，讓那些真正尊重人的企業，可以在資源較少、機會不佳的情況下，也有很大可能實現迅速成長。

事實上，近年來中小企業所遭遇的缺工、難找人等問題越來越嚴重。其實市場本身早就提出了尊重員工的現實要求，所以一些聰明的企業老闆，早已開始反思和調整對待員工的方式。

一家公司的董事長，每週一上午都會儘量提前半小時，帶著公司的六名高階主管，衣著整齊的列隊站在公司大門口兩邊，向前來上班的五百多名員工鞠躬問好。雖然有人對此議論紛紛，覺得影響了企業領導者的身分和尊嚴，但更多人認為，這是一種傳統禮儀，拉近了老闆和員工之間的關係。一些公司的新員工，在看到老闆真誠的向員工鞠躬時，內心感到非常溫暖，差點掉下眼淚。

對此，員工有了更大的發言權，因為這家年產值數億元的公司，並沒有因為「不愁招人」而將他們看作單純資源。在這裡，他們感受到了家庭般的溫暖。

無獨有偶。另一家公司的總經理，每年春節長假後上班的第一天，同樣也會帶領企業的中高層管理人員站在企業門口，迎接所有新舊員工的到來。當員工們經過企業門口時，總經理會九十度鞠躬，送上新年的問候和

祝福。這樣的習慣，他並不是近年來才養成的，從 2008 年以前，他就會在春節長假後鞠躬歡迎員工。在平時，他也將員工看作自己的家裡人，並用實際行動影響到了公司的管理層。

對此，這位總經理自己卻看得很簡單：「老闆向員工鞠躬，這很正常，也很自然。沒有這些員工，就沒有公司的今天。過了個春節，他們從老家回到廠裡，來到組織的家裡，我身為家長，當然要歡迎他們。」除了用鞠躬表現尊重，這家公司還會積極向員工發放福利，包括每年年底，為員工七十歲以上的父母發放紅包等。

企業想要做大做強，企業帶頭人必須要懂得重新認識員工，尊重員工。這樣員工才會發自內心的團結在一起，形成戰鬥力。優秀的領導者能夠激發員工控制自身命運的能力，懂得鼓勵員工去追求更有意義的個人生活，實現個人價值，獲得尊嚴。領導者能夠運用這種尊重，引導普通而平凡的員工，成為工作乃至生活中的強者。

為此，領導者需要做到以下幾點。

圖 2-2 領導者尊重員工的表現形式

第一，管理方式不能侵犯員工尊嚴。

企業中的每個人員都需要受到充分尊重，而並非根據職位高低來加以區別對待。無論是企業中的總經理、副總、部門經理，還是一線監管員工和操作員工，在企業中都需要受到一視同仁的尊重。雖然他們每個人對企業的貢獻大小不同，但領導者不能無視其中某些群體或個體的尊嚴，更不能採取不同的方式區別對待，而是應該給予同樣合理的待遇。

第二，信任員工，給予空間。

在豐田公司，QCC 活動被大範圍推廣。QCC 是英文 Quality Control Circles 的縮寫，被譯為「品管圈」。其特點是由基層員工組成的小組，透過適當的訓練及引導，使小組能透過定期的會議，去發掘、分析及解決日常工作相關的問題。生產線上的員工們允許相互幫助，解決工作問題。而在 Google 和 3M 這些公司，則允許技術中堅人員拿出一部分工作時間，進行自身愛好專案的研究。這些企業沒有將員工看作機器上的零件，而是允許他們有充分的空間去發展自身的特長。隨之而來的則是所有員工整體面貌的改變，並因此收到了意想不到的效果。

領導者要清楚的認識到，自己與下屬並沒有絕對的不同，除了個人財富事業的差別之外，雙方都是社會中擁有自由選擇權利的主體，企業誠然選擇了員工，但員工也可以自由選擇企業。身為老闆，沒有必要養成「我養活了員工」等高高在上的優越心態，反而要幫助員工去消除自卑心態。當員工認識到自己也是企業的主人之一，他們就會更有認同感，更願意配合整個團隊工作。

第三，打造服務型領導力。

　　服務型領導力，是指領導者首先具有一顆想要為企業服務的心，能夠以服務為基礎進行領導。其次才能激發員工想要追隨的意願。

　　服務型領導力充滿了對員工的尊重，領導者需要善於傾聽員工的表達，積極了解他們的想法。正如老子所說的那樣：「聖人無常心，以百姓之心為心。」企業領導者要用心去理解尊重下屬的成長環境、文化背景、家庭教育，並積極為他們服務，讓他們儘量可以按照自身想法去工作，追求屬於自我和集體共同成長的空間。

第四資質：目標心

員工達到怎樣的工作狀態，才算企業家領導有方？相信大多數領導者心中都有如下的目標：勤奮、努力、高度合作、充分創新，願意奉獻、不計個人名利等。當員工具備這些特點之後，才能證明企業組織的能力和思想高度，而這個高度又折射出領導力的高超。

理想雖然美好，事實卻很殘酷。很多領導者在努力引導員工的同時，承受了太多壓力，內心缺乏熱情。他們開始懷疑，自己究竟是否能夠擁有那種理想的員工？大多數情況下他們似乎只是看到員工負面的表現：內部爭鬥、違反紀律或者置身事外，而這些表現通常又會進一步刺痛領導者，讓他們失去希望。

試想，在追求領導力提升的道路上，而你的心中卻沒有了期待，放棄了目標，不斷的抱怨，良好的領導狀態怎麼會出現呢？

西元 1508 年，王陽明被大明官場放逐，幾乎是流放到了貴州。面對著原始叢林，他突然想到了能夠有效提升自我、昇華境界的方法：不是像朱熹曾經提倡的那樣「去外界求取」，而是要從內心去求得真正的人生價值。

王陽明所開創的哲學，就是中國歷史上著名的「心學」。

「心學」看似玄奧，其實正是傳統哲學中最精華的部分。它告訴我們，無論是生活中還是工作中，所有需要的問題其實都和內心有關，和期望、目標有關。這並不是唯心主義，而是被社會無數次驗證過的客觀規律──人的思想認知，可以反過來透過行為的表達而改變環境。

因此，當企業領導者在潛意識中已經不再期盼看到員工的改變，認定

員工們沒有上升的空間時，會直接做出影響員工消極情緒的行為，最終導致組織失去前景與未來。好的領導者會不斷讚揚下屬，對員工報以期許，為員工樹立與企業使命相符的目標。他們發自內心的希望員工在工作中感到快樂和充實，希望員工在企業中的價值能夠陸續提升。那些最富有魅力的領導者則不會將目光集中在如何「開發」員工上，而會真誠的向員工表達關懷之情，希望員工能夠藉此獲得潛力的開發和個人的成長。

面對這樣的積極態度，員工遲早會「長大」。他們將意識到自己並非是附著於企業之上的；他們會因為領導者給出的殷切期待與關心，而認識到雙方之間是平等並息息相關的；他們會領悟到只有個人發揮出潛力，企業才能受益，只有企業進步，個人才能提升。

在中小企業內看似平常的職位上，也有很多能力出眾、內心強大的員工，他們更希望承載期待和面對挑戰。當領導者給出相應的期望之後，他們就會樹立超越普通人的目標，其潛能也會相應釋放，最終成績斐然。

1980 年，查爾斯・西蒙尼（Charles Simonyi）進入了微軟公司。之前，西蒙尼在矽谷已經有了不錯的名望，他原本以為自己在微軟的工作不會有什麼困難。但當他面對比爾蓋茲（Bill Gates）所給出的工作時，他看到了公司對他的高期望。蓋茲要求他領導電子表格程式、貿易圖表顯示程式和資料庫應用程式軟體的開發工作。

眾所周知，這些專案都是微軟的重點工作，交給剛進入公司的西蒙尼，無疑是蓋茲對他的重大期望。在這樣的期望下，西蒙尼最終完成了專案，挑戰了自我，為微軟成就的霸業做出了不可替代的貢獻。

同樣成功的例子也發生在史蒂芬・巴爾默（Steve Ballmer）的身上。1981 年，微軟開始開發 Windows 操作系統。當時負責開發的是巴爾默，蓋茲告訴他，如果系統不能在 1985 年春季前上市銷售，就引咎辭職。透過壓力形

式傳遞出的期望，讓巴爾默倍感動力。1984 年 11 月，Windows 3.0 如期推向市場，產品一炮打響，而巴爾默最終也名聲鵲起，成為了微軟的總裁。

能夠進入微軟擔任高階主管，其能力、名聲和財富無疑已經達到了常人所無法企及的高度。但比爾蓋茲依然可以用高期望去促使這些菁英為企業添磚加瓦。傳統的領導文化很經典的詮釋了上述現象，那就是讓員工始終保持「飢餓感」，告訴他們更高的要求和挑戰，這樣，他們就會越發激勵自己不斷向前。

如何有效的形成和傳遞自己的更高期望，為員工樹立更遠大的目標呢？

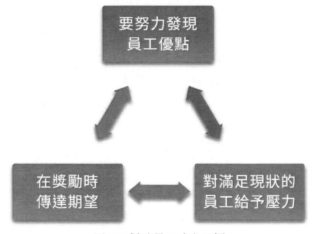

圖 2-3 幫助員工建立目標

第一，要努力發現員工優點。

如果領導者對員工始終無法產生較高期望，除了在員工身上找原因之外，還要以積極的態度從不同的角度觀察員工的日常表現。這樣，領導者眼中的員工將會變得更加立體，他們身上原本被隱藏的優點會被挖掘出來。伴隨這種了解的深入和全面化，領導者的心態也會隨之改變，並點燃對員工的希冀之火。

第二，在獎勵時傳達期望。

對於那些本身就缺乏自信的員工，領導者要懂得在獎勵時傳達期望。

例如，在員工獲得升遷、加薪時，既要承認他們之前做出的成績，也要以更高的職位和待遇去真誠的「引誘」員工，表達出你相信他們願意繼續付出努力奮鬥。即使給員工的獎勵只是幾句表揚，或者在會議上的一個眼神和微笑，都應該傳遞出希望他們好好表現的關懷之意。

這種包含在獎勵中的期待感，對於人們來說是相當重要的，它來自於傳統文化中家庭情感的延續，並折射出每個人在社會中的角色心態。一旦領導者能夠用「獎勵式期待」滿足員工，員工就會本著士為知己者死的情感予以回報。

第三，對滿足現狀的員工給予壓力。

另一種常見的情況是，那些已經為企業做出一定貢獻的員工，常常有可能對現狀予以滿足，不願繼續挖掘自身潛力。面對這種員工，領導者要不斷的向他們提出新要求，讓他們感覺到看到後起之秀的追逐，也要為他們分析目前企業競爭對手的狀態，讓他們產生一定的不安全感。

在成功營造了不安全感之後，領導者可以用嚴肅鄭重的態度，向員工表達：除非他們能夠繼續挖掘潛力，否則其個人和企業都會面臨更加困難的局面。此時，期望和壓力將會形成合力，促使員工清醒了解情形並繼續努力。

當然，傳遞對員工的期待，需要掌握一定的尺度，領導者不應該用過高的期待去加重員工的負擔。但以期待感來調整自身領導心態和行為，則效果往往是立竿見影的。

第五資質：賞識心

　　領導者不僅要學會用人，更重要的是懂得識人。

　　《列子》是道家重要的典籍，受老子的哲學思想影響很深，其中記載了下面的「識人」寓言。

　　秦穆公對相馬大師伯樂說：「你年紀大了，請問你的家族中還有擅長相馬的嗎？」

　　伯樂回答：「天下相馬的名士雖多，但堪稱絕倫的已經寥寥無幾。有個和我一塊擔柴賣菜的人，名叫九方皋。他相馬之術不在我之下。」

　　於是，秦穆公招來了九方皋，並請他去求名馬。三個月之後，九方皋回稟說，已經找到了一匹黃色雌馬。

　　秦穆公派人將馬帶回，卻是一匹黑色的公馬。秦穆公很是生氣，質問伯樂說：「你所推薦的人居然連馬的雄雌和色彩都分不清，怎麼能相馬？」

　　伯樂嘆息說：『九方皋所看到的是本質，所謂得其精而忘其粗，在其內而忘其外。他看到自己所應看到的，看不到他所不需要看到的。他的本領並不只是局限於相馬啊。」

　　秦穆公半信半疑的讓人試了一下馬，果然是天下難得的寶馬。

　　這個故事，其內涵並不在於討論相馬的方法，而是在闡述古老而深刻的哲學智慧。身為領導者，是必須對整個組織前途負責的重要人物，他們在觀察和判斷每個員工時，並非只應該看到人員的表面特點，而是需要善於發現其內在的優點，並為我所用。

　　和名馬不同，今天的人才是很難用單一化標準去加以衡量的。同樣一位員工，放在錯誤的職位上、身處不適合的環境，其工作表現和業績會令

人沮喪。而當他能夠身處正確職位、進入適合的環境，前途是不可限量的。領導者所應該做到的，是努力將員工帶入後一種狀態，其中不可或缺的就是賞識。

賞識，遠比獎勵要更複雜，也更難做到。被人賞識是相當令人愉快的，但並不是每個人都懂得如何賞識別人。不少領導者認定員工和企業的關係只是利益交換，希望透過重賞來激發員工的積極性。但員工自己並不完全這樣看，他們不僅需要獎賞，還需要被領導者從人群中看到。這兩者融合才稱為賞識。領導者的賞識能夠啟發他們看到工作的意義，感到領導者對其價值的肯定和能力的讚賞。

情境一：員工Ａ工作認真，在職位上表現不錯。但一段時間後，他就失去了熱情，最終離開公司。

之所以有這種情況，是因為企業領導者認為既然給員工提供了良好待遇和發展平臺，員工能夠有優秀的工作表現也是應該的。但對於這種「合理的表現」，領導者吝於賞識。結果，員工認為自己的付出沒有得到回報，喪失了熱情。

情境二：領導者經常拿普通員工們和優秀員工做比較，要求前者能夠積極學習並看齊。但普通員工們卻大多不服氣，反而將注意力集中在如何挑出優秀員工的工作問題上。同時，優秀員工覺得自己背負了「木秀於林」的壓力，卻得不到同等的獎勵補償，於是也開始變得平庸起來。

簡單的表揚並不一定會成為有效的賞識，尤其是在傳統社會文化下，佼佼者通常會成為眾矢之的，這與領導者錯誤的讚賞方式也不無關係。其實，讓不同天資、不同能力的員工在同一個標準下比較，並不適合於正確的讚賞。因此，不要總是先對員工進行比較再去賞識，而是要從每個人固有的特點出發來尋找發光點。

　　情境三：員工 C 的業績並不理想，於是，領導者經常殺雞給猴看。每當 C 出現一點問題，甚至 C 的同事出現問題，C 都會被拿出來在大會小會上作為反面教材批評。

　　在這樣的氛圍下，C 員工越來越不願意努力工作，最終只能被企業所淘汰。

　　的確，任何企業都不歡迎業績差的員工。但中小企業所面對的現實是必然有能力較差的員工存在。領導者不能拿自己的經驗、能力和態度去要求和衡量下屬，也不能用優秀員工去要求平庸下屬。對那些表現不佳的員工，領導者應學會欣賞其成長過程中表現出的點滴進步，並由此期待他們更大的進步。

　　為了避免上述問題的出現。領導者必須在日常工作中積極展示賞識，從而給員工更多的工作動力。

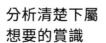

分析清楚下屬想要的賞識

看待員工的眼光更為寬和

正確批評，傳遞賞識心態

圖 2-4 學會賞識員工

第一，分析清楚下屬想要的賞識。

對員工的讚賞形式，很難以統一標準進行衡量的。某些員工喜歡領導者私下談話中給出的讚賞，另一些員工則期待著自己能夠在公開場合獲得賞識。因此，領導者應該杜絕對員工形象的片面化認識，而是根據他們的性格進行逐一「畫像」，找到他們的性格特點，再決定採取怎樣的賞識表達方式。

第二，看待員工的眼光更為寬和。

員工們希望得到賞識，這種賞識最好來自於對他們目前事業最有影響力的人，這就是他們期待的伯樂。領導者不能只看到員工形象的表面特點，否則其中必然摻雜種種負面資訊干擾對其判斷。事實上，很多員工的優缺點往往是共存的。例如在廣大中小企業內，那些學歷低的員工可能在知識量的方面較弱，但他們也可能因此有更多的學習動力，有更好的工作表現。

所以，不妨用寬和的眼光來看待員工，這是開啟賞識心態的第一步。領導者要做到「容人之過，用人之長，記人之功，委之以任，待之以禮，施之以惠」。這樣，不僅可以激發員工的積極性，還能透過領導者的個人倡導、言傳身教，教會公司每個人對賞識價值的重視。

伴隨示範力量的作用，賞識意識融入到了企業運作的不同環節和層面。發展企業的賞識文化，促使公司形成寬容、和諧與合作的人際關係，降低由於人際關係緊張而形成的成本損耗，提高組織整體工作效率和經濟效益。

第三，正確批評，傳遞賞識心態。

擁有賞識心態的領導者並非不批評，而是給予員工最及時和有效的指責。這種做法成功的前提是需要選擇正確的時間、地點和環境進行批評。其具體操作方法如下：

（1）先肯定員工一直以來表現中積極的一面。

（2）對其問題和缺點展開就事論事的批評，準確指出對方做錯了什麼，並以精準的表達方式告訴員工你是怎麼想的。

（3）停留幾秒鐘，製造出沉默壓力，讓員工能夠切實感受到你的痛心。

（4）站起來，與員工握手，或者遞給他一杯水，讓員工能夠感到你依然在支持他。當然，你還可以適當談談以前和員工的合作過程，以暗示你是如何器重他。

（5）和員工共同分析其錯誤原因，並圍繞如何避免進行討論。

（6）最後，再次向員工表達，你不滿的是其工作上的問題而並非他本人。

（7）給出鼓勵和支持，告訴員工你相信自己不會看錯他。

這樣的批評既能點出問題，又能讓員工感受到被尊重，讓員工在被承認和被器重的情緒中接受批評，這樣的做法會產生事半功倍的效果。尤為重要的是，採取類似批評方法，可以有效降低被批評的員工的負面情緒，還可以確保領導者依然有正確態度去面對員工未來的表現。

第六資質：合作心

古語有云：「得道者多助，失道者寡助。寡助之至，親戚畔之；多助之至，天下順之。」古人的智慧向我們揭示了亙古不變的道理：企業的壯大過程，就是領導者受到越來越多員工擁戴和幫助的過程。

企業內部，必須要建立類似於友情的真誠理解和相互信任，形成相互支持與和諧穩定的工作氛圍。當員工身處這樣的氛圍中，他們才會感到幸福和快樂，有了類似體驗的員工，才會創造出令人滿意的產品與服務。

領導者需要充分意識到，自己是企業氣氛的發源處。企業家怎樣看待員工，員工就會怎樣看待企業。因此你必須善待員工，從心底將員工看做自己的朋友，並能夠真心誠意考慮到他們的利益。這樣，企業的氣氛會變得和睦如家，在「和」的氣氛中，運用「道」來經營企業。

在老子思想中，「和」與「道」幾乎是不可分開的，《道德經》一書中，「和」與「道」的共同出現有八、九次之多。老子認為，「道」本身就是「和」，「和」是宇宙和世界的整體發展趨勢，自然也是人與人之間的關係的應有之道。但「和」並非固有的，它必然起源於「不和」，而解決了「不和」，矛盾得以消弭，企業中領導者和員工的關係才能更進一步親密，最終達成外人無法獲取的默契感。

歸根到底，「和」的思想就是企業中「以人為本」。企業需要盈利，但長期的盈利必須建立在和諧關係基礎上，尤其需要領導者和下屬的充分合作。為了實現這一點，領導者應真誠的合作，滿足彼此需求，打破相互隔閡。

1987 年，舒茲（Schultz）剛剛收購星巴克公司時，公司只有 11 家門

市。而現在，星巴克已經在全球咖啡行業占據了壟斷地位。之所以有如此迅猛的進步，是因為舒茲相信，公司的員工只有真正參與企業之中，才能向顧客提供優質的服務。因此，他在星巴克導入了股權計畫，所有員工都被稱為合夥人，除了健康保險、職業諮詢和帶薪假期之外，員工們還能獲得股票的優先購買權。這樣的組織文化將員工提升到了和股東合作的位置上，真正成為企業的掌控者。

除了制度的改變之外，舒茲在星巴克推行開放、參與型的領導風格。他和高階主管們形成的每一項提議和決策，都確保每個層次的員工都能充分了解其內容和意義。這樣，員工就會對決策內容產生充分的興趣，並積極參與到工作中來。為此，舒茲設計了不同的交流管道，包括積極召開和參加會議，允許員工出謀劃策、溝通想法。例如，公司每季度定期召開一次會議，由舒茲親自在影片中向員工介紹當季度的業績、新產品和店鋪等動向。隨後，管理人員還會現場向員工提出問題，做出回答。這樣的討論，讓整個公司氣氛融洽，猶如股東們在充分交換意見。

將自己定位為員工的合作者，讓舒茲贏得了員工的向心力。許多優秀的人才因此選擇了星巴克，這家公司因此在美國餐飲行業中保持著很低的離職率，公司的股票也從 1992 年上市之後至今攀升了兩倍多。

古代先賢孟子曾經說過：「民貴君輕。」在他的思想中，只有「君主」（領導者）願意以合作的身分來和「民」共同努力合作，國家的振興才有希望，這樣的領導方針才能說是仁政。數千年後，杜拉克（Drucker）也指出，管理的精髓就在於如何去邀請下屬共同參與對企業的管理。可見，無論是中國傳統領導文化，還是西方管理學的精髓，都以不同的形式表述過與下屬合作的重要性。

想要有正確的心態來看待和下屬合作，領導者需要有下面的認知和行動。

圖 2-5 學會和下屬合作

第一，不要輕視下屬的立場和意見。

以合作的心態來看待下屬，就要求領導者不擅自做出決定，而是能夠和相關的部門、小組或者員工進行討論，聽取他們的意見。

為了能和員工真正合作，領導者就不要過分自信，防止走上剛愎自用的極端。企業老闆是企業中最用心的人，但依然需要透過激發所有員工的主角意識，進而促進企業發展。當下屬試圖提出看法和意見時，領導者要站在他們對企業的關心角度去分析，理解他們想要參與更多事務的積極性，進而吸收其意見和看法。這樣，員工潛在的單純積極性，會被領導者激發，凝聚成為員工之間、員工和管理者之間主動合作的熱情。

第二，克服合作阻礙。

不少領導者都曾經試圖和員工進行合作，但他們卻遭遇了拒絕甚至是背叛。那麼，究竟有哪些阻礙導致了合作的失敗？

首先，領導者對企業、產品、顧客、行業乃至市場很容易產生過於外

露的使命感。尤其是經歷了創業的領導者，喜歡將「我」和「企業」的概念混為一談。在員工看來，這種領導者個人的生活和事業幾乎沒有什麼分界線，整個公司的員工角色似乎都是他們實現理想的棋子，這對形成合作是相當不利的。

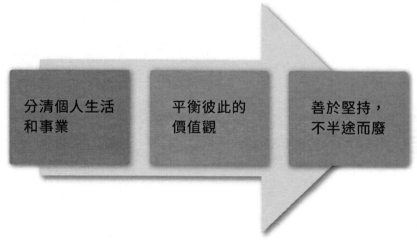

分清個人生活和事業

平衡彼此的價值觀

善於堅持，不半途而廢

圖 2-6 學會避免合作失敗

其次，領導者有個人的價值觀，但下屬員工也有自己的價值觀。領導者不可能為某個下屬進行改變，而下屬如果沒有經過引導，也很難主動適應領導的處事風格。領導者不去改變，就只會看到企業利益的最大化，而員工們也只會注意到自己利益的最大化，這樣，雙方就很難投入到合作中。

再次，領導者在合作開始做出高姿態，但合作中途卻因為種種原因而畏首畏尾，不願意繼續與員工站在一起。這樣，員工認定領導者的合作邀請是虛偽的，即使他們在表面上沒有異議，但背地裡卻在等待機會進行補償或報復。對企業來說這是相當危險的。

想要真正與員工合作起來，領導者必須要能與員工均衡利益，並始終堅持同樣的態度、遵守同樣的承諾。這樣，上述合作的阻礙才會得以消除。

第三，一對一溝通更有效。

不少企業的老闆喜歡找整個部門或不同部門的員工開會討論，看上去有著很強的聚合性，但單純採用這種集體溝通的方式，並不利於建立合作互信的關係。相對來說，採取一對一的溝通，能夠更加靈活的調整好領導者自身心態，也可以相應的影響到員工。尤其需要注意的是，在網路上或下班時間進行溝通，例如拜訪客戶的路途上，或者公司團體活動的過程中，抓住機會和重點員工一對一交流溝通，彼此之間就很容易找到共同點，進而打造出上下級合作的基礎。

第七資質：信任心

授權，是組織發展到一定程度之後必然產生的領導模式。但歷史上，相當多的領導者雖然才華過人，但卻不願主動授權，導致事業陷入失敗。究其原因，更多問題出現在心理層面 —— 缺乏信任心。

三國時代，諸葛亮的政治才能不可謂不突出。他身在草廬之中，就已經預測出未來天下鼎足三分的策略態勢，並親自制訂和參與實施了劉備集團從弱小走向強大的計畫。然而，當整個局面得到穩定、領導範圍變大之後，諸葛亮依然保持原有工作方式，他日理萬機、事必躬親，甚至親自校對文件、圖書、帳冊等。如此心理，不僅導致自己操勞過度得不到良好休息而影響工作效率，也讓蜀國的文官集團沒有得到積極培養、發掘和鍛鍊。最終，諸葛亮只能在「出師未捷身先死，長使英雄淚滿襟」的遺憾下，以個人生命的終結，見證整個蜀漢集團從此走向沒落和滅亡。

雖然蜀漢集團的失敗有各種原因，但和諸葛亮內心看重劉備所交付的使命，而不願假手於人、輕易授權有關。如果從更加深層次的「辦公室政治」角度來分析，作為荊州士族集團出身的諸葛亮，在面對川蜀集團的下屬時，也並非毫無顧忌，他在心理上始終存有疑慮而不願分權。如果諸葛亮能夠將眾多瑣碎的事情進行合併，將之授權給不同的下屬分頭處理，自己致力於北伐，那麼三國時期的歷史很可能被改寫。

由古知今，有效授權是現代企業領導活動不可或缺的組成部分。現實中，一些中小企業的領導者對此並沒有清醒認知，造成組織工作效率低下。

想要克服這種不願授權的毛病，領導者首先要從心理上主動了解和調節開始，破解不願意授權的原因。

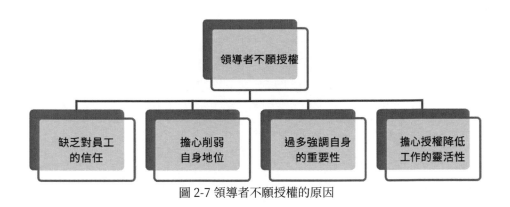

圖 2-7 領導者不願授權的原因

第一，缺乏對員工的信任。

儘管很多領導者為了激勵下屬，會表現出信任，但在具體工作中他們總是會放心不下。他們不斷過問下屬如何進行工作，還會直接去插手操作中的重要環節。在領導者的潛意識中，他們認定下屬總是不夠成熟，無法放手。

這種擔心或許的確有其道理，但一味的懷疑手下並沒有實際價值。領導者應該多問問自己，是否對員工進行了足夠培訓，給予了充分的鍛鍊機會，然後再挑選那些重要的員工進行探索式的授權。事實證明，只有透過展現信任、給予鼓勵和積極培養，下屬才會變得讓人放心，領導者的心病才會根治。

第二，擔心削弱自身地位。

大權旁落，是每個領導者都極力避免的情況。領導者擔心如果將自己的權力授予他人，會影響自己在組織中的重要性，從而削弱身處企業中的價值。然而，這樣的擔心是可以克服的。當員工在授權過程中，學會更加積極主動處理問題，才能獲得更為高效能的工作能力。這樣，領導者的威信會伴隨集體能力的增加而更加鞏固。

第三，過多強調自身的重要性。

人們經常說：「能幹的父母會有懶孩子。」同樣，過於「能幹」的領導者，往往其下屬表現出的不是不能幹，而是低效能。尤其當領導者產生「企業什麼事情都不能沒有我」的錯覺之後，情況會更加嚴重。因為員工樂於看到你隨時衝在前面承擔責任，而他們只需要表現得毫無辦法就行。

技術出身的領導者尤其需要意識到，無論你自己掌握哪些知識、擁有怎樣的經驗，員工才是你手頭的最大財富。只有讓員工發揮最大的能力，領導者才會成為組織中最重要的人。

第四，擔心授權降低工作的靈活性。

某一件工作的運作過程中，如果領導者選擇親力親為，確實有加強靈活性的便利。然而，領導者在大部分時間必須面對整個企業，這就不可能再依靠個人操作來達到靈活的效果。

其實，領導者並不需要擔心授權會影響企業整體工作的靈活性。因為當你選擇了正確的授權對象，將工作分派給他們，就能讓自己從更高層面來對全局加以觀察和判斷。領導者的策略思路將會因此而更加靈活，也會有更多時間與精力來對重要問題和突發性事件加以處理。在員工學會了接受授權之後，他們的思維自然不會呆板被動。從整體上看，授權對於提高組織成員的靈活性是有益無害的。

而當領導者基於信任，給予企業員工充分授權，領導者不僅可以得到下屬的充分認可，也可以在「無為而治」中激發員工更多的積極性。

「無為」，是道家文化中追求的天地至高的境界。無論是生活還是求學，能夠真正做到「無為」的人，才能達到有為的成效。同樣，領導者的最高境界則是「無為而治」。

「無為而治」，並非意味著碌碌無為，而是代表了領導者的最高智慧。在《管子》書中對此加以發揚，提出「人君」應該「無為」，而群臣需要各盡其職來實現「有為」。如果人君不能讓群臣「有為」，也就做不到「無為」。

從今天的現實來看，「無為而治」是相當符合人性實際和組織發展的領導思想。「無為」要求領導者能夠善於抓大事，那些常規性、具體的工作則應該加以分配，授權給下屬去做。這樣，整個組織的分工合作體系就能清晰明確，不同部門的工作都能安排得井井有條，並獲得最佳效果。這樣，才能達到「無為而無不為」。

可以說，在當下，「無為而治，道法自然」的企業管理模式，不但領導者個人能從中受益，也能讓整個企業更為順應客觀規律，尊重社會經濟發展的規律，並因此走向成功。

凡是那些已經獲得了非凡成就的領導者，幾乎無一不是「無為而治」思想的信奉者和實踐者。

「無為而治」不能只是領導者個人追求，只有成為整個企業的追求，其思想才能得以長久呈現。企業家必須從意識到這一點開始，積極著手建立相關制度保障，確保企業能夠擁有整套規章體系。這才是企業持續發展的動力泉源。事實上，制度往往具備更高的可信度。

透過建立自主管理機制，企業應該逐步依靠程序化、規範化的流程，來對每個職位、每個部門的工作進行引導。例如，企業領導者不需要自己去發現基層人才，去觀察普通員工或者考察他們的能力，而是從一開始就在各個部門之間協調建立中發現和培養人才的機制，並讓這樣的機制源源不斷的為企業貢獻出值得信任的人才。

第八資質：共情心

　　每位領導者都期待企業的成長和個人的進步，希望透過企業發展實現個人成就。在企業走向成功的進程中，確實離不開領導者的個人業績。但如果他們將業績當成財富加以獨占，很容易因此而疏遠員工。很多領導者對此感到不解。

　　其實，究其原因，與領導者一樣，每位員工也期待在企業發展中實現個人價值，如果所有的成就都被領導者獨占，那員工自然會不願與之共事。反之，當領導者意識到所有的業績其實都離不開組織整體時，他們會在心理上拉近與下屬的距離。

　　《道德經》中這樣談功績：「是以聖人處無為之事，行不言之教；萬物作而弗始，生而弗有，為而弗恃，功成而弗居。」

　　這段話的意思是指，領導者用「無為」的自然法則來對待事情，用非語言的教化來影響別人。這就像自然界對於萬物那樣，按照規律生長發展，自然界滋養萬物並不干涉，撫育萬物而不誇傲，成就了功勛卻不獨占。

　　想要看到企業業績不斷進步，即使是老闆，也不能將整個企業的資源和利益全部都占為己有。懂得如何分享的領導者無論是做人還是做事，都要懷著分享的心理去面對成績和利益，才有資格獲得他人的追隨。當能夠和領導者分享的員工越來越多，意味著你回饋給他們的也越來越多，又何愁沒有員工繼續追隨你豎起的旗幟？

　　這其實就是共情心在發揮作用。共情心，也就是同理心，是一種設身處地體驗他人處境，從而感受並理解他人情感的能力。當領導者設身處地

為員工著想時，也就不會號召員工無償付出，而是懂得透過分享，使得自身與員工和企業一起共同成長。

企業的發展，是持續的過程。優秀的企業領導者不應追求短期的利益，更要具備高瞻遠矚的策略眼光，把整個企業打造成為利益分享的平臺，這個平臺屬於全體組織成員，與他們站在同一個舞臺上，他們才會與你一起奮鬥。

1908 年，福特汽車公司推出 T 型車，成為了當時美國人最喜歡的汽車。之後的數年時間中，這款車銷量大增，福特公司的老闆亨利‧福特（Henry Ford）的個人財富也因此大增。

不過，亨利‧福特想到的並非只有自己。他決定，讓所有福特的員工都能享受到企業發展帶來的利益。他主動為年滿 22 週歲的工人增加了一倍的薪水，年齡未滿 22 週歲的員工，如果有家眷需要撫養，也同樣能夠享受到這樣的待遇。到 1914 年，福特企業的員工已經拿到了當時美國製造業的頂級薪資。福特卻突然在年底宣布又替員工上漲一倍的薪資，其最低薪資達到每天五美元，理由是整個企業利潤情況良好。福特認為，自己並不是什麼資本家，而是工人的領袖，他喜歡這種分享式的領導。

除了積極提供高薪水之外，在福特，工人們的勞動權益也有極大保障。工廠裡有一個專業的清潔團隊，其中包括 700 個油漆工、玻璃清潔工和木匠，他們負責讓廠房中的每個角落都能清潔明亮，如同家中的廚房那樣乾淨。這種清潔要求還表現在廠房空氣上，透過排氣系統，確保整個廠房每十二分鐘就更換一次空氣，所有生產所形成的煙氣都會被帶走，每個房間的溫度也都被調節到舒適的程度。

整個福特公司有兩千個基層管理者，但他們中間沒有一個人有權利解僱基層工人。在 1919 年，五萬多人的福特公司中，只有 118 個員工被解

催。另外，公司有一個專門的委員會，專門負責調查工人和基層管理者之間的矛盾，如果有基層管理者經常和工人發生矛盾，部門經理就會將他們請到辦公室詢問原因，並提醒他們正視錯誤。

對於這些分享政策，亨利・福特自己並不覺得有什麼奇怪的。他告訴朋友說：「我並不是想要對工人的五個工作日付出六個工作日的薪資，我也絕不想做出那種既不經濟又不可能的事情。我之所以這樣做，是因為工人們在五天內就完成了六天的工作。」

正因為用利益分享的方式來推進正能量的循環，福特公司在之後很長時間，始終在市場內具有很強的競爭力。看起來，福特並沒有費盡力氣去激發員工的積極性，但他卻在用分享的態度，始終「處無為之事，行無言之教」。

如果領導者都能夠像福特這樣，把自己看成員工領袖，他們就能夠透過持續不斷的回饋，實現企業和員工的同步成長。運用下面的方法，領導者的共情心將會越來越成熟，其分享行為也會更有效果。

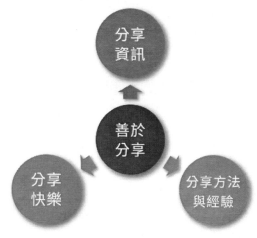

圖 2-8 領導者要學會分享

第一，積極分享資訊。

領導者不願分享資訊的原因，除了對員工有戒備之心之外，更多源於其位於組織頂層而帶來的「高處不勝寒」效應。不少中小企業老闆總認為自己創建了企業，而其他員工都是自己徵求進來幫助管理企業、為企業提供價值的，自己與他們並非完全對等的主體。由於在潛意識中已經為彼此角色劃出了界限，老闆很難產生與員工主動溝通的衝動，資訊的分享也就難以開始。當交流的路徑被掐斷之後，其他的分享也就無從談起。

為此，領導者必須開通和下屬之間資訊溝通的管道。在日常分配工作的過程中，需要和下屬圍繞企業相關資訊隨時交談，獲得他們掌握的第一手資料；及時將下屬所關心的企業決策、目標等事項公開化，讓員工能夠在工作進行過程中了解必要資訊，增強工作責任感，獲得明確的工作方向。

第二，適當分享方法與經驗。

除了採用授權方式分享權力之外，領導者還要對那些最重要的下屬分享方法與經驗，這些資訊相比單純的權力往往更有實際意義。

身為企業的核心人物，許多中小企業老闆都有著白手起家征途中獲得的工作經驗和知識累積，他們對於工作中的困難，有超過普通人的見解和處理方法。但另一方面，他們又容易形成保守的心態，擔心由於自己的主動分享，而被員工所「偷師」，將來會成為不安定因素，導致員工離開企業成為競爭對手。

客觀來說，領導者有類似的擔心並非多餘，而且十分必要。但另一方面，絕大多數員工在其工作職位上所吸收到的經驗知識，轉化成工作能力之後，都會展現到組織中不同職位、不同團隊的工作業績中。因為這樣的

收益，來承擔那種少數員工「背叛」之後的風險，應該是領導者理性上完全可以接受的。更不用說，當絕大多數員工切身體會到領導者的引導和幫助之後，會產生感激之情而不願隨便離開組織。

需要注意的是，領導者對經驗和知識的分享，並非是灌輸與替代，而是引導和幫助。領導者可以透過提問再回答的方式，將知識和經驗傳達到員工的思維中。這樣的分享才是有實際意義的。

第三，樂於分享快樂而不是「賞賜」。

每當那些明明拿著高薪的員工毅然跳槽而走，企業領導者經常會抱怨員工的無情無義，或者怪競爭對手太會挖牆腳。讓這些領導者感到匪夷所思的是，員工明明從企業的發展中分享了豐厚的薪酬，為什麼還要選擇離開？其實，答案在於員工只分享到薪酬，卻並沒有分享到快樂。

人非草木孰能無情，員工固然希望用努力換來利益。但當他們感到從企業得到的利益只是老闆的賞賜或者交換，他們就不會對企業有太多歸屬感。如果其他選擇帶來的整體利益更高，他們就會果斷離開。

為此，企業家需要有積極的「分享快樂」心態。你應該將企業整體所獲得的業績，作為快樂而加以分享，以此激勵和吸引員工。例如，當某個部門主管的專案在市場中擊敗競爭對手，或某一位員工的努力達到了企業所要求的業績和目標時，領導者都應該和所有下屬積極分享成功的喜悅。因為成績離不開組織中的所有人，領導者有必要用積極心態去鼓勵他們，為自己和他人給出掌聲與微笑。當領導者有了分享快樂的積極心態，整個團隊的心態也會健康起來。

第三章

如何準確定位領導力

你是什麼類型的領導者

在企業中，你是什麼類型的領導者？在領導企業時，你要做臺前明星，還是甘做幕後導演？

在當代企業中，領導力更多表現為人際關係。這種關係有時是一對多的，有時則是一對一的。但不論領導對象數量的多少，領導力都包含著核心人物和追隨者之間的關聯。這種關聯所能發揮的價值高低，取決於領導者是如何建立和維持人際關係的能力，也取決於領導者怎樣界定自身在組織中的角色。如果他們將自己定義為臺前明星，那麼這種關聯勢必薄弱，而如果他們甘於擔當幕後導演，則人際關係的內涵必定大為豐富。

歷史可以證明，總是希望擔任明星的領導者，很少有長遠成功的。某些企業家忙於作秀，今天參加高端論壇，明天發表產品展示，後天又進行慈善活動……但恰恰是這些企業家面對著未來事業生涯的風險。因為他們整天都猶如站在聚光燈下的明星，忘記了自己的本職工作是要理順企業內的關係，將企業所需要的角色，分配給不同位置上的人。除此之外，領導者還應該教會不同的員工，去主動接受、適應並扮演好角色。這樣，領導者就能成為功勳卓著的幕後導演。

不可否認，許多企業家天然具有成為商界明星的魅力和能力，他們有理由利用自己的天賦，成為企業形象的代言人。但越是這樣，他們就越應該看清自我，不應沉溺其中那些耀眼的角色，而不願擔任默默無聞的領路者。

南唐後主李煜，藝術創作能力極強，開啟了婉約詞流派的源頭。「雕欄玉砌應猶在，只是朱顏改。」這樣的詞句足以見證其非凡魅力。然而，

他並沒有弄清楚自己應如何去整合個人能力，最終身死故國。

類似於李煜的失敗，在企業組織中，如果領導者日常角色和其職責不相搭配，組織內部的混亂現象將會越發嚴重。

領導者是否很好的履行了引導企業的責任，是否讓自己成功的擔任了幕後導演？你可以定期向自己詢問下面的問題，並對自我角色加以檢驗：

第一，你花費多少時間用在親自應付缺失和掩蓋漏洞上。

如果你發現自己總是會用「最妥善」的方式來處理問題，尤其是為了能夠掩蓋企業的弊病而巧妙的使用不同「招數」。那麼，情況就值得警惕了。這說明你總是自己在舞臺前忙忙碌碌，運用不同的方式粉飾太平。但事實上，這只是你在拖延時間，你手頭並沒有真正能夠幫助企業解決大問題的員工。你必須要能夠毫不留情的加以反省，從而騰出時間，退居「教練者」和「導演者」的位置，讓員工在指導下能夠得以成熟，從而有效的為企業組建能夠充分改變現狀的人才團隊。

第二，有沒有人會不留情面的指出問題。

每個領導者都需要一群唯馬首是瞻的人才，但與此同時，你也需要一個勇於在後臺向你誠實指出問題的人。哪怕這樣的人習慣性的對很多事情存有疑問，但你也需要給他充足的空間和機會，聽取他對你和其他任何人所提出來的看法和意見。

允許少量這樣的「挑刺者」存在，還有利於另一種情境：當領導者希望能夠在組織內毫不留情的進行抨擊時，自己無須站出來「開火」，而是透過鼓勵「挑刺者」，實現對臺前員工的批評和監管。你的身邊必須有這種角色，他們是能夠說出國王沒有穿衣服的關鍵人物。

第三，有沒有為自己預定下暫停時刻。

　　是否安排了暫停時刻，這是領導者經常忽略的。尤其當企業發展相當平穩的時候，領導者經常會貪圖表面的輝煌成績，不斷加快自己的工作節奏，鼓舞員工的熱情。這種情況當然值得歡欣鼓舞，但領導者必須明白，越是在這種情況下，越應該及時預留下暫停時刻。

　　這樣的時刻你需要重新整理你在「幕後」制定出的決策，並對員工加以重新提示和訓練，最重要的是，你可以因此來檢驗自己的「教學」效果，判斷組織是否正走在健康發展的道路上。相反，如果沒有這種有效暫停，工作一線所出現的風險問題會逐步累積，最終爆發，導致企業遭遇滅頂之災。

如何以己及人

　　領導者在員工的眼中，究竟有怎樣的特殊之處？調查顯示，並非掌控企業規模大、事業強的領導者就必然充滿魅力。即使只是一個普通的小公司，其領導者如果懂得以己及人，具有充分的自我管理和控制能力，在員工眼中一樣值得信賴。

　　所謂以己及人，其實就是自律，即對自我情緒和行為加以管控的能力。自律是領導力水準和組織工作效率的重要因素。

　　一位當代著名的企業家這樣說：「偉大，是管理自己，而不是管理別人。」同樣，在現實中，許多人之所以缺乏領導力，正在於其缺乏自律性，他們的強勢管理方式在沒有自律的保證下，而顯得「虛張聲勢」。

　　可以設想，如果領導者形象看起來熱情積極，但卻沒有充分的自律，也就會顯得蒼白無力。最終，缺乏自律的領導者很可能根本無法保證自己的位置，因為他們自己缺乏穩定表現，企業也同樣不會給予他們想要的穩定。

　　即使你的領導者位置很穩固，你也依然需要培養自身控制情緒的能力，這是繼續維持組織績效的重要保證。自我控制能力，意味著當企業業績起伏之時，領導者始終能保持正常狀態，即使出現意外，也始終能夠保持鎮定。不僅如此，傑出的企業家還會儘量控制內心，不在下屬和員工面前流露出強烈的情緒，更不會傳遞負面信號。只有這樣，當組織面對困難時，員工們才會從領導者的自律魅力中獲得勇氣。

　　比爾蓋茲說：「既然想要做出一番事業，就不能太善待自己。只有自律的人，才能最後獲得事業的成功。」《道德經》則將之簡化為最精要的十

個字：「自見者不明，自是者不彰。」意思是說，喜歡自我表現的人，不會太聰明；喜歡自以為是的人，不會多彰顯。身為領導者，不能將自己放在組織中的特殊位置，動輒認為自己是最優秀的人而肆意妄為。相反，他們必須在工作和生活中積極約束好自己，做到謹言慎行，絕不自大和放縱。

何況，只是從維持工作精力和保養身體健康上出發，充分自律的領導者，在員工眼中都是最有魅力的。因為他們永遠會神采奕奕的出現在工作職位上，讓所有人感到安心。

台塑集團創始人，臺灣經營之神王永慶有著過人的領導能力。他從一間米店開始經營，最後成立了台塑集團。在集團最高領導者職位上，他工作到九十歲才退休，成為商業界領導的傳奇人物。

王永慶之所以能如此「神奇」，答案就在於其秉承了傳統文化中的自律之道。他每天晚上會九點入睡，凌晨兩點半起床，打坐冥想一小時，隨後做自己編創的毛巾操。接下來，他會在書房開始寫作，內容包括經濟、社會、文化、教育等方面的想法，或者對整個企業的建構提出整體解決方案。

六點半到八點，王永慶會小睡一會。早餐之後，十點鐘到公司上班，處理集團相關事務，會見訪客。中午，則大多數在家用餐，飯後稍事休息，從一點開始工作。晚上，即使有所應酬，也會在八點半準時送客，確保九點能夠上床就寢。

飲食上，王永慶從不追求美味。他告訴別人，長壽的人，吃飯都很簡單，並不是為了追求口腹之欲，而是要餵飽肚子。越是想追求食物的精美，就越是會覺得飯菜無味。為此，他的早餐和午餐追求簡單，早上有時只吃四、五種水果，中午只是半碗飯、一個魚頭，或者只喝牛奶和麥片等。晚餐即使較為豐盛，但無論對於怎樣的美味佳餚，他也永遠只取其中

一二嘗味,不會多吃。

在私生活上能如此自律,這讓早在 1989 年就憑藉 40 億美元個人財產登上富比士全球富豪榜 16 名的王永慶來說,顯得特別具有偉大的人格魅力。他也因此獲得了眾多下屬和員工的敬仰和追隨。

只有當你能夠從自身做起,你對員工的各項要求才能得到認可。事實上,當領導者具有自律魅力時,他也無須再多言,員工也會將之看做榜樣,向其學習。

自律魅力的養成,得益於長期累積,而並非一朝一夕。想要做到充分自律,領導者應能夠積極做到以下幾點。

圖 3-1 領導者要學會自律

第一,在不同階段加強對自我情緒的掌控。

想要擁有自律能力,你需要勇敢面對來自不同層面的自我情緒挑戰。要記住,這種挑戰是伴隨整個領導階段的,無論企業規模有多大,挑戰壓力始終存在。

　　不要在企業的業績上升時就感覺過於良好，也不要因為近期缺乏工作成果就情緒低落。情緒的驟然變化，會導致你領導風格的不穩定，並進而引起員工的不安，降低他們對組織前途的信心。身為企業的掌舵者，你應該始終注意保持初心，即最初成為領導者時的想法和情緒。除了工作之外的時間，你不應該有理由去放縱自我的情緒表達，即使只是面對微不足道的小事也該加以謹慎處理。

第二，言行必須一致。

　　領導者如果言行不一致，很容易讓企業失去凝聚力。一些業績原本不錯的企業會在突然而來的挫折面前分崩離析，其原因並不僅僅在經營運行上，而是在於領導者長期的行動和其口頭宣揚的價值觀並不相同。這說明，由於領導者缺乏自律，很容易導致企業組織內部的矛盾不斷累積，最終在外部突如其來壓力下輕而易舉崩潰。

　　現實中，由於中小企業主一方面承擔著高壓力，另一方面又缺乏股權機制下的有效監督，他們很容易忽視自己曾經宣揚過的價值觀、違背制定過的政策或者改變推行過的制度。在發生言行不一致之後，他們甚至根本不清楚究竟什麼原因導致了這種矛盾。正因如此，領導者更應提醒自己，自律是一種個人品德，並非勤奮、努力和節儉等通行的商業道德，它更需要領導者隨時記住自己說過的話，隨時要以身作則，用要求別人的方式來要求自己。

第三，克制約束自我生活欲望。

　　必須承認，企業家奮鬥努力的意義和價值，除了其天然承擔的社會和組織責任之外，也需要改變自己的生活狀態，帶來更加美好豐富的物質享受體驗。但中小企業領導者尤其需要重視的是，一旦在生活欲望上失去自

我約束力，自認為事業有成可以充分享受時，帶給員工的往往是潛移默化的負面影響。

　　試想，一個對家庭不忠誠，經常在外面鬼混的企業家，很難談得上忠誠於其事業，不出賣其員工的利益；一個始終將注意力集中在如何揮霍財產上的企業家，也很難讓員工產生終生跟隨的願望。相反，面對那些追求驕奢生活的老闆，員工更多想的是如何最大程度的去利用企業，在條件合適時跳槽，哪怕犧牲組織利益和職業道德也要滿足私利，一走了之。

　　可見，真正的企業家，為了獲得員工（包括企業成長過程中的股東、投資方、合作方和市場客戶）等方面的信賴，必須要表現出過人的律己能力。

　　自律是領導者的良好德性，是需要艱苦培養才能形成的。只要企業領導者能夠注意加強平時細節的要求，有目的培養自律能力，就能將自律化作跟隨個人行走的資產，也會帶來美好的事業收益。

領導者需要以愛管人

在北京故宮西暖閣，有這樣一副對聯：「唯以一人治天下，豈為天下奉一人。」

幾百年前，清代雍正皇帝手書這副對聯，懸掛在此，作為執政的座右銘。其實，這句話並非出自雍正，而是唐代大臣張蘊古向唐太宗李世民所上的〈大寶箴〉一文中所有，原文為「故以一人治天下，不以天下奉一人。」但雍正的改動，讓語氣更加強烈，更富有提示與監督的含義。

那麼，「一人治天下」和「天下奉一人」，其中最大的區別在哪裡呢？

在開明有為的君主看來，一人治天下，是個人對祖宗留下的皇朝所肩負的職責，是要領導好江山社稷，雖然這其中不乏封建思想，但卻是作為皇帝本人值得吸納的正能量；但在昏庸奢靡的君主眼中，所謂的天下，不過是作為滿足自己私欲的資源，所有的領導工作，都是為了滿足自我個人需求。

歷史和現實已經證明。那些自私的領導者，無疑會被欲望矇蔽雙眼。他們既看不到組織發展的全局，也難以了解所謂管理的真相，他們很快會在工作中以個人的好惡、主觀和利益來作為推出或否定決策的唯一標準。反之，當領導者真正將企業作為集體和社會的長遠事業來做，他們就會認識到，企業並不只是自己和家族的產業，甚至並不只是股東和員工共同的財富。企業所創造的價值，來自於全社會，最終也將回饋全社會，匯聚進入人類發展歷史的創造洪流中。

社會客觀規律猶如天體運行的法則那樣不可違背，假若企業領導者一心只為自己考慮，缺乏對員工的愛，就很難得到員工的認可，更難在市場競爭的大潮前行。

　　日本著名的經營大師稻盛和夫，在創辦京瓷公司十餘年後，接觸到了政治家西鄉隆盛的領導精神。當時，京瓷公司在迅速成長中，股票也獲得了順利上市，但稻盛和夫依然兢兢業業工作，因為他深知一旦自己身為領導者產生了判斷失誤，企業就有可能陷入倒退，甚至破產。那樣，員工和他們的家庭就有可能淪落街頭，而股東們的損失也會難以估量，為了保護這些和公司利益休戚相關的人，他始終告誡自己不斷努力工作。

　　有一天，山形縣的地方銀行退休行長帶來了西鄉隆盛的著作《南洲翁遺訓》。西鄉是日本明治維新的著名政治家，一生充滿傳奇色彩，又是稻盛和夫的同鄉先賢，因此稻盛自幼就非常崇拜他，尤其喜歡其名言「敬天愛人」。

　　因此，稻盛和夫打開書如飢似渴的讀了起來，其遺訓的第一則就這樣說道：「立廟堂為大政，乃行天道，不可些許挾私。秉公平，踏正道，廣選賢人，舉能者執政柄，即天意也。是故，確乎賢能者，即讓己職。於國有勛然不堪任者而賞其官職，乃不善之最也。適者授官，功者賞祿，方惜才也。」

　　翻譯成為現代文，這段話的意思是：「在政府中執國家之政是行天地自然之道。行事不應挾半點私心。所以不論何事都該秉持公平，依循正道，廣舉賢明之人，讓能忠實履行職務者執掌政權，方為天意，換言之，就是遵循神靈的旨意。所以，若有真正賢明且適任之人，應該立即將自己的職位相讓。由此而言，不論於國家有何等功勛，若將官職授予不勝任者以表彰其功績，此為最大的不善。」

　　西鄉隆盛將這段話定為著作的第一則，實際上就是指導任何組織的領導者，都應該將「無私」看做行動指南。無論企業規模大小，哪怕只有數名員工，都要積極達到「無私」的思想境界。

稻盛和夫合上書本，陷入冥想。他想到，企業組織原先並沒有自己的生命，只有領導者能夠將一定的思想境界、經營理念注入其中，企業才會生機勃勃。而當自己在思考京瓷的發展方向、為之積極努力之後，京瓷這一企業就具有了生命力。反過來，如果自己因為害怕工作煩惱，將思維關注全部拉回到自己身上，企業自然也就無法維持其機能了。

帶著這樣的了解，稻盛和夫確信，即使犧牲自己、消除小我，也要始終關注企業的發展，將更多的精力投入到領導工作中。只有領導者擺正個人立場，沒有私心，以愛管人，企業才能安然無恙的發展。

一位董事長與稻盛和夫有著同樣的思想境界，他說過：「想要做好一名領導者，首先要擁有智慧，其次要擁有無私的內心。」

觀察世界商業歷史上的企業家，成功者中的絕大多數都具備無私的內心：唯有無私，才能將注意力單純集中到對整個組織文化的塑造上；唯有無私，才能不帶個人色彩的去面對下屬去解決衝突、協調關係：唯有無私，才能真正用自己的仁厚寬大，去引導員工、開化人心。

有智慧的領導者都明白，最有效的管人方法就是愛。正是因此，他們可以做到無私、懂得分享，掌握統帥組織的真正藝術，並最終實現夢想。領導者應該從下面的方向努力，將愛融入企業的發展中。

圖 3-2 領導者要學會以愛管人

第一，認識「賺錢」和「夢想」的區別。

中小企業的老闆，更多面對著企業發展的現實衝突，他們需要賺到更多的錢來投入再生產、擴張資產和發展事業。然而，如果身為企業老闆只懂得如何用企業賺錢，就已經墮入了領導思想境界的低層次中。在盲目追逐盈利的過程中，他們也忽視了對員工、企業的愛。

真正的企業領導者，應該先在內心建立夢想。這樣的夢想需要透過領導者和下屬員工共同努力實現。為此，領導者首先勾勒出夢想的藍圖，並將藍圖與整個組織發展的方向結合。由此，你就會漸漸感到自己和企業是無法分開的，除了企業的利益，你並沒有多少自我的利益。對員工的愛，能夠讓員工積極奮鬥；對企業的愛，則能讓企業走向輝煌。

當領導者的思想能夠昇華到為了夢想而努力時，在員工看來，老闆成為無私正直的代言者，是值得信任和跟隨的。

第二，適當遠離企業內部利益衝突。

老子說：「天長地久。天地所以能長且久者，以其不自生，故能長生。是以聖人後其身而身先，外其身而身存。非以其無私邪？故能成其私。」這段話的意思並不難以理解：自然界之所以長久存在，是因為自然界並沒有謀求其自身利益而存在。聖人如果處在百姓身後，反而會獲得推崇，將自身利益置身事外，才能保有安全。領導者只有先做到無私，才能成就所謂的私。

中小企業內，即使在業績不斷上升的情況下，還是很容易出現部門和部門之間、下屬和下屬之間的利益爭鬥。對於這些衝突，領導者要學會正確的置身事外，即不對其中任何一個「派別」加以明確支持，甚至不給出任何導向性的看法和意見。這樣，員工眼中的領導者才是公正無私的。而

有了大公無私作為基礎，領導者消弭內部對立、凝聚集體力量才有成功的可能。

第三，領導者應學會分享。

在對企業組織的領導和管理過程中，經常需要無私分享，才能便於下屬進步和組織提升。其中不僅需要領導者能夠分享客戶、財富、榮譽、機會和平臺，也需要他們能夠採取不同方式分享領導權力。這種分享要求領導者將自己所擁有的資源拿出來貢獻給組織，因此從個人層面來看，領導者需要接受一定的「損失」。但由於領導者將個人努力所獲得的稀缺性資源拿出來與組織分享，將可以表現出寬廣的胸懷，吸引到更多的企業追隨者。

一諾千金的領導者最有領導力

每個人都有七情六欲，誰都不是完人。即使是再大公無私的楷模，其內心也有個「小我」。正是因為能夠克制「小我」的作祟，他們的胸懷才能超越普通人的境界，成就精神世界上的偉岸。

當今社會，物質利益早已成為每個人公開追尋的目標，思想意識和價值觀也逐漸多元化。每天面對市場上近乎白熱化的競爭，再加上長期處在不斷累積的強大的壓力下，企業領導者的內心不可能平靜如水。伴隨著企業的壯大，領導者必然也會考慮到自我利益和組織利益之間的衝突，尤其是當過去的承諾與眼下的現狀發生矛盾時，他們應該如何選擇呢？

是選擇做一諾千金的領導者，讓員工感覺到真實？還是選擇做出爾反爾的「偽君子」，讓員工發現其虛偽？他們的選擇方向，會決定自己在員工心中的形象。

身為領導者，應該學會真誠看待自己和下屬之間的關聯，打破所謂的等級壁壘，摒棄那種社會上普通人際關係之間「逢人只說三分話，未可全拋一片心」的觀念。如果你總以承諾的形式激勵員工，又在後期言而無信，他們自然會處處提防你，這樣，雙方的信任感就無從談起了。

「君子坦蕩蕩」，如果能被下屬看作一諾千金的君子，那領導者也就能建構整個企業開誠布公的氛圍，建立組織內部的誠信文化。

「身體髮膚受之父母，不敢毀傷，孝之始也。」在古人眼中，身體是父母所給予的禮物，愛惜自己的身體，就是遵守孝道的表現。但三國時期著名的政治家、軍事家曹操對此顯然有不同看法：為了樹立自己在曹魏集團中的威信，增強下屬的自律性，他選擇做出個人在孝道上的犧牲。

曹操出征張繡，正是曹魏集團剛剛崛起沒多久之時。為了安撫民心，樹立自身良好形象，他特地下令，所有下屬都不得縱馬踐踏麥田，一旦誰違反軍令，就要梟首示眾。這條軍令頒發之後，偏偏是曹操的坐騎受驚而起，踩壞了一片麥田。軍隊中專門管理獎懲議罪的主簿頓時不知如何是好。為了給曹操臺階下，手下的謀士們紛紛以「法不加於尊」作為理由，向曹操進言，勸他忽略這個錯誤。

如果就此收場，下屬們自然也不會說什麼，但為了明確表示軍令的嚴肅性，確保自己的權威，曹操決定，行「割髮代首」的懲罰，他拔出鋒利佩劍，割下自己的一束頭髮，然後傳令主簿，命他挑著自己的頭髮明示三軍。這就是古代著名的「割髮代首」典故的由來。

作為龐大政治集團的領導者，曹操為什麼不惜違背其個人信仰的儒家準則，毅然割掉頭髮？他當然是理性而有智慧的政治家，不可能因為一時衝動或理想主義做出這樣的事情。究其原因，還是在於其了解信用的價值和力量。

領導者想要有效的對組織進行管理和領導，就需要透過語言和文字加以表達。在員工心中，最初都會對來自核心高層的這種表達具有敬畏感，這種敬畏是合理自然的，因為那既是企業結構特點所產生的，也與員工自身待遇有著密切關聯。

但在許多中小企業中，領導者發現語言表達並不具有充足的影響力，即使在大會小會上不斷強調的事情，也還是得不到員工的信服與配合，甚至反而會被員工不斷的以各種形式推諉、反對。

這說明，領導者的語言命令的權威感，並不在於他們怎麼說，說什麼，而在於說話的領導者如何行動。「言傳不如身教」，相比無法打動員工的語言，自身付出的行動更重要。例如，想要讓下屬遵守規章制度，只

靠發表各種規章制度當然不夠，還要嚴於律己；想要讓員工懂得吃苦耐勞，也不能僅僅做出宣傳姿態，而是要從主管階層表現出不怕苦不怕累的精神。

為了獲得員工的信服和配合，領導者需要意識到自己是所有人效仿的榜樣。只有在平時積極用行動傳遞信念，員工才會相信你的語言和行動是一致的，你的表達才會具有權威性，讓員工信服。

孔子說：「己欲立而欲人，己欲達而達人。」意思是說，只有自己願意做到的事情，你才能要求別人做到，只有自己能夠做到的事情，你才能要求別人去做到。因此，一諾千金的領導者，才最有領導力。

領導者可以轉變對事待人的角度，學習以身作則、提高信用的方法。

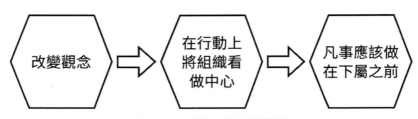

圖 3-3 做一個有信用的領導者

第一，改變觀念。

領導者首先應該將自己看做提供服務的人，其他員工則是服務對象。有了這種意識，領導者才能找準位置，擺正心態，避免形成盲目下命令的官僚作風。隨著心態和作風的改變，領導者將更加看重行動價值，而員工也會透過具體的示範，意識到領導者的統帥性和榜樣性。

第二，在行動上，將組織看做中心。

一個平庸的領導者，在領導工作中總是將自我行動看成中心，但想要做到言而有信，就要以整個組織作為中心。領導者應該將自己看成組織的

構成細胞，而並非擁有者，其一言一行，都需要考慮組織整體的利益，將所有員工的集體看法放在第一位。只有此境界的領導者，才不會將自己看做高高在上的統治方。

第三，凡事應該做在下屬之前。

領導者想要擁有過人的威信，就應發揮表率作用。身為企業的靈魂人物，他們需要時刻注意比下屬表現得更加積極。領導者不僅要注意言行，而且自我的管理要做到更好。

例如，在要求下屬不能遲到的同時，領導者應在正常工作時間之前相對早到；要求下屬對客戶做到尊敬有禮，領導者更應該重視維護客戶的面子；要求下屬遵守財務紀律流程，領導者自己和管理層也必須嚴格遵守……千萬不能對員工實行一套規則，而對「自己人」施行另一套規則。唯有如此，才能向員工傳遞正能量，有效加以指揮和影響。

領導者是唯一的堅守者

　　每個企業的老闆，內心中都有這樣的夢想：企業崛起，成為產業中的強者，可以代表最高端的技術、最標準的服務和最輝煌的品牌實力。然而，一個企業想要成為強者，就離不開一位內心強大的堅守者 —— 領導者。

　　怎樣的領導者才可稱為堅守者呢？事實上，當領導者的形象，不再只是出現在企業的文件上和新聞中，而是滲透到每個員工的工作理念中；當領導者的話語，不再只是停留在會議上，而是改變了許多人的工作態度；當領導者的決策思想，不再需要公司各個部門想方設法去具體呈現，而是員工自發的執行……此時，領導者也將成為企業中的堅守者，帶領企業大步向前，而企業也將因此獲得本質的飛升。

　　領導者不可迷失方向，也不應迷失。數百年來，在西方傳統文化和基督教文明的浸潤下，在歐美企業家的族群中，湧現出大批相信自我能力和群體合作、實踐技術創新和理念革命、信奉資本力量和市場抉擇的代表人物。從這些領導者的身上，我們看到了從文藝復興之後早期資本主義的萌芽，看到了近代化工業生產帶來的衝擊，也看到了資訊爆炸時代網際網路結構下資本運作的影響……上下幾百年間，西方商業文化具體表現在這些企業鉅子的領導行動中，他們組成了堅守者的群像，在西方社會的高速發展歷史中發揮了重要作用。

　　在今天，縱然面對的客觀環境有種種問題存在，縱然企業內外諸多資源還遠遠談不上完美和充足，但領導者依然要致力於從傳統文化中汲取營養，以企業內唯一的堅守者的姿態，走出一條和西方商業文化有所相同而

又有所區別的成長之路。如果每個企業家都有一顆堅定而又強大的堅守之心，率領自己的企業，投身於公平、激烈的競爭中，將傳統文化發揚光大。

時代召喚企業家，更召喚其中的堅守者與強者。越是在「實體經濟難做」的大背景下，企業家越需要堅定信念而自強不息。

在《道德經》中，老子提出了這樣的八種強者：|「知人者智，自知者明；勝人者有力，自勝者強；知足者富，強行者有志；不失其所者久，死而不亡者壽。」企業老闆想要成為員工「不知有之」但卻又能無所不在的人，必須要吸收這八種強者的特點。

值得注意的是，在這八種內心強大的特徵中，兩兩互為相反。而相對來說，後一種特徵所呈現的強大感更為深厚和持久，他們的強大不但表現在對外界的行動與態度上，更表現在自我超越上。

第一，知人與自知。

知人正是了解別人，即充分熟悉員工的個性和需求，了解他們的原則和偏好，確認他們的知識結構和才能特點。不僅如此，想要成為強者，領導者還要懂得如何認知自己、看清自己，既要了解過去的自己，也要認清現在的自己。

第二，勝人與勝己。

領導者想要讓組織自發的運轉，必須要從一開始企業員工就受到制度的力量、文化的熏染，讓企業員工進入相應狀態中。這樣的過程離不開「勝人」，即利用管理和引導能力去激發員工，幫助他們戰勝惰性、主動適應。但與此同時，企業家還不能停止自我修為，必須進行積極的自我控制，包括情緒上的克制，能力上的超越，不斷的對品格和才能加以修練，

進行自我革新，這種不可或缺的過程即是「勝己」。

第三，知足和強行。

「知足者常樂」，大到領導一個企業，小到修身齊家，缺乏良好的情緒，沒有曠達的心胸，就無法保持充沛旺盛的工作精力。因此，「知足者」應該不受物質享受的迷惑，能夠主動從簡單而樸素的生活中、創新而忙碌的工作中，尋找到屬於內心的快樂。

生活上的知足，並不代表事業上缺乏動力。經歷過創業艱辛的企業家都認同這樣的道理：商業上的任何事情，很難說一定會成功，也同樣不能說一定會失敗，如果能夠找到堅持的信念，原本不可能的事情也有可能成功。因此，當企業領導者保持內心對生活知足的同時，也要能對事業有著「強行」的態度，這樣，才會為「強行者有志」增添最好的注解。

第四，不失其所和死而不亡。

不失其所，是指領導者不會失去其應有的位置，即組織核心者的位置。他不會因為某個問題就忘記自己的責任而過多關注細節，也不會因為外界干擾產生茫然而將企業帶入歧路。同時，「其所」還是企業家所堅持的原則和目標，只有當你守住了屬於自己的天地，才能進一步去監督和管理員工建立其精神家園，並打造整個企業的核心文化。

當整個企業因為領導者的努力，形成了足以傳承後代的企業精神之後，即使領導者退休、去世，但他的精神卻依然影響著企業，影響著社會，他的行動與思想也將融入企業的品牌中，並記載進入企業發展的歷史。從這個意義上來看，領導者正是透過其內在追求的外化，實現了境界的提升。

不與員工爭功

商場如戰場，企業或組織，想要成為能夠不斷攀登在征途上的勝利者，就要在關鍵時刻肩負起領導責任。企業老闆不應甘心讓自己穩居老大位置，更不應將一切功勞歸於自己。

恰恰相反，他們應該甘為「人梯」，培養下一代領導者，充分認可員工的功勞。這種培養的核心，在於將那些有能力、有希望接班的員工，培養成為具有稱職素養的準領導者。這樣才能確保在激烈競爭中不斷有人站出來，帶領企業奮進。

考慮到目前中小企業的現實情況，再加上人們原本就相當看重的血脈繼承關係，領導者往往不可能從「傳宗接代」的片面思維中走出來。他們一面想要看到企業能夠在下一代人手中發揚光大，另一面又擔心家族失去對企業的最終主導，所以很多領導者不僅自己與員工爭功，甚至會被自己內定的繼承者爭功。

然而，爭功的唯一後果，就是將所有有志之士和有才之士趕出企業。無論如何，在功勞分配上，企業家都須有更開闊的胸懷，能夠以企業組織的未來發展為重，公正客觀的進行功勞分配，甚至是將歸屬於自己的功勞分配給員工，從而培養出具有真才實幹的接班人。

李錦記是香港傳奇家族企業，西元 1888 年創業至今，已經傳承到了第四代領導者。之所以能夠如此長盛不衰，是因為李錦記每一代領導者都甘做人梯的精神。

1972 年，李文達作為第三代傳人接管李錦記。他認為，很多家族企

業的領導者都只關注自己在位時的權利和責任，實現自己定下的目標，但卻沒有看到培養後繼者的重要性。結果，家族出現問題，生意也就會隨之消退。

為此，李文達定下規矩：第一，目前領導團隊結婚之後只能有一個家庭，否則必須退出董事會。第二，領導團隊不允許離婚，否則也需要離開董事會，可以保留股份但沒有決策權。第三，下一代儲備主管的教育費用可以由家族承擔，但他們必須要在其他公司工作三年，通過考試才能進入公司，並必須從基層做起。

透過上述舉措，李錦記公司保證現有的領導者可以安心成為下一代領導者的「人梯」，同時，培養對象並不局限在血緣關係上，而是唯才是舉。

當然，並非所有的企業都能在發展初期就擁有一整套對領導者的培養體系，尤其是那些中小公司，其領導者總是忙於關注企業的業務發展。

企業領導者應該怎樣培養自己的接班人，打造出超越自己的新一代領導者？

第一，注重在平時工作中發掘。

在領導企業的過程中，可以將不同的員工，放在不同的職位上，並讓他們面對不同的工作任務和掌握不同的工作節奏。注意觀察和記錄他們是如何帶領員工來完成事項的，並與你的高階主管層分析、理解他們的領導行為。

在這種公正、客觀且全面的觀察中，你可以發現企業中那些具有領導者潛質的人，並建立相關的儲備人才庫。

第二，對後備領導者進行定位。

　　準確定位後備領導者，是對領導者的重要考驗。當你組建出企業領導者儲備人才庫之後，應該進一步對其能力、特點、性格、人際關係等加以評估，為每個人才整理出個人職業發展資源檔案。同時，還可以和他們進行單獨的深入交流，了解其發展興趣和目標，幫助他們描繪出直接和明確的未來領導圖景。

　　經過這些準備工作後，最終企業將能夠為人才儲備庫中的合格者加以定位。例如，某些人適合從事技術方面的高階主管工作，某些人則適合擔任主管市場行銷的副總等。有了這些定位，他們將會用更高的標準來要求自己。

第三，為後備者建立領導力模型。

　　領導力素養模型，是對那些優秀領導者個人特徵加以描述的方式。在擔任「人梯」的同時，你也應該積極從本企業文化特徵出發，結合每個員工的定位，為他們建構領導力素養模型。

　　對中小企業有用的領導力素養模型，不需要過多詳細分類。因為目前不同產業、不同企業、不同理論所建構的領導力模型，實際上都大同小異。企業家可以將之分為兩種，一類是與「事」相關的領導力素養，一類是與「人」相關的領導力素養。將你的後備人選大致歸為這兩類其中的一種，再根據其能力特長，形成針對性強的能力素養模型。這樣，其個人特徵就充分得以展現，也便於企業更好的從中受益。

　　以功勞篩選人才，並讓每位人才憑藉「功勞簿」晉升，最終得到著重的針對性培養，企業才能得到最具能量、影響力、勇氣和執行力的接班人。領導者也能成為提攜他們上路的最佳「人梯」。

第四章

打造魅力，有魅力才有領導力

魅力是自我涵養的表現

對中外政治和商業史有所了解，就會發現一個有趣事實：

成功的領導者，並不一定總是有突出的人格魅力，但一個擁有人格魅力的領導者一定會成為卓越的領導者。

當領導者在員工眼中充滿了吸引力，那麼，他的修養、知識、經驗、人格等特點就會融入日常的工作中，豐富的自我涵養，也會在工作中充分展現。在領導者涵養的吸引下，員工自然會追隨領導者並形成強有力的力量。

想要成為真正的傑出領導者，需要的不是玩弄權術，而是要以人格魅力去吸引追隨者。所謂人格魅力，就是一個人對他人的吸引力和影響力。

在普通人看來，個人魅力似乎更像是與生俱來。但事實並非如此，魅力形成於一個人不斷成長過程中所累積的知識和經驗，也得益於他曾經獲得的成績，更關乎於一個人 EQ 的高低。擁有這些積極因素，才能充分展現領導者的魅力。

當然，在不同時代的先賢看來，領導魅力的重要性又是不同的：

明代著名的思想家呂新吾在他的《呻吟語》一書中提出：「深沉厚重是第一等資質；磊落豪情是第二等資質；聰明才智是第三等資質。」他認為，具備深沉厚重的人格，就是第一等的魅力。任何組織的領導者，都應該要具備這種令人信任的厚重氣質，要能夠真正對問題和事務做出發人深省的思考，其次則應該光明磊落，至於那些看起來聰明能幹、巧言令色的性格特點，並不是領導者應該竭力追求的個人特質，其吸引力和影響力最多也就在第三等資質。

在西方文化中，領導者的魅力也表現在領導者個人的灌輸能力上。當下屬們評價英國海軍名將納爾遜（Nelson）時，他們這樣寫道：「我從未見過一個人有如此魔力，能夠將一種精神灌輸給他人，鼓勵他們作戰。」

在下屬眼中，納爾遜富有才華，充滿熱情，工作秩序嚴謹，籌劃能力突出。他的魅力表現在勇於身先士卒，在整個巡航過程中，他從不會停歇。不管什麼時候，只要天氣與環境允許，他就會命令艦長們登上自己的旗艦，然後，他會將自己關於海軍作戰的方法、經驗和想法傾囊相授。

納爾遜的人格說明，身為領導者，展現魅力既需要有掌控大局的沉穩氣質，也需要能夠深入基層，在可能的情況下傳授業務、履行管理責任。當你將兩者很好的結合起來，你的心智和人格內涵也就更為立體的展現在員工面前。

提高領導者個人魅力，可以從下面幾個方式著手。

第一，展現遠見卓識，贏得員工的追隨。

領導者如果想要獲取他人的信服，就要展現出超越普通人的遠見卓識。在和員工的溝通過程中，尋找他們個人或集體最關心的方向和領域，然後利用你的經驗和資源，找準定位，進行準確的預言。

領導者可以預言的方向，包括市場整體需求的變化情況、某一款產品的價格走向，抑或競爭對手的策略改變程度等。對於普通員工或某個部門來說，他們並沒有足夠的資源和空間來獲取這些問題的答案，而你卻能夠利用企業核心領導者的位置加以洞察，對不同的員工個體分別給予提示。這樣，你將利用完美的資訊優勢展現出遠見卓識，彰顯個人魅力。

圖 4-1 預言可表現的方面

第二，要勇於為企業經營承擔風險。

　　企業的經營必然會產生相應風險，領導者不能只圍繞那些業已確定的責任加以承擔，同樣要勇於面對企業經營不確定性的風險。尤其當眾多員工等待著你做決定時，必須要有充分勇氣進行決策，同時做好準備應對不同過程和結果。

　　勇於冒風險，不僅展現出領導者在企業中的重要性。同時，也能夠激發員工的志氣，這是因為當領導者勇敢的面對那些不確定性，會讓員工對他們產生崇拜之情，認定他們能夠肩負起他人所無法肩負的責任，進而安心跟隨領導者向前走。

第三，要展現出充分的解決問題能力。

　　身為領導者和管理者最大的不同，就是後者主要在企業的規則、制度、程序所確定的框架之內工作。而領導者需要在組織體制結構對判斷和解決問題無法提供指導時，能夠做出決斷能力。

　　因此，領導者不要孜孜以求那些可以用制度和程序提供的答案。相反，他們應該善於見微知著，注意到那些並沒有被人注意到的地方。對於那些不能完全證明可行的任務、眾多人認為難以完成的工作項目，或者需要一定程度上假設才能解決的問題，他們都應該積極承擔責任，並勇於在企業組織的制度界限之外加以解決。

第四，不要奢求員工馬上給出追隨和支持。

　　雖然你是企業的領導者，甚至可以認為你「提供」了工作給員工。但這並不代表他們會因此就成為你的追隨者。要知道，有些員工天生對領導者主動展現的優點會不以為然，還有一些員工則會對領導者的突出個人才能予以無視……無論員工表現出怎樣的抗拒特點，領導者都不用過於在意，更不能要求他們必須追隨。相反，你要積極找出那些顯然更容易跟隨你的員工，將他們挑選出來，讓他們積極的和其他人協調交流，成為員工中的示範榜樣。這樣，整個企業的團隊會逐漸受到影響，並能更加清楚的觀察和判斷事實，逐漸轉向對你魅力的認可和支持。

　　總之，領導者必須在變化多端的實踐中加強自身的學習和提高自身的能力，還要加強個人內涵的修養，贏得員工的心靈，帶領所有人不斷向前。

提升魅力，給員工一個親近的理由

領導者魅力並不只是展現在個人能力上，更展現在品德上。所謂「以德服人」，任何領導者如果缺乏必要的品德，自然得不到員工的親近。

《左傳·襄公二十四年》有云：「太上有立德，其次有立功，其次有立言。雖久不廢，此之謂不朽。」對此，學者孔穎達做出注疏：「立德，為謂創制垂法，博施濟眾，聖德立於上代，惠澤被於無窮。」千百年來，各朝代的領導者們始終都遵照這樣的訓誡，他們利用自己的能力，成為了真正的「立德者」。

所謂立德，是指在領導組織、經營事業的過程中，不是運用個人才能、職位權利和企業資源去駕馭下屬，更不是使用權謀手段、分化瓦解、利益交換去和員工相互利用，而是用個人的德行去凝聚所有追隨者。

今天的「立德」，就是指領導者能夠遵照人類的普世道德標準，結合傳統文化中的精華，樹立整個組織文化的標竿，改變員工的精神面貌，進而影響他們的行動。有了「立德」的能力和形象，領導者才能更好的做到立功和立言，並對企業的發展留下難以磨滅的影響力。

很難想像，一個道德高度不夠的領導者，是如何完成對整個組織號召的。這樣的人即使登上高位，其內心依然是黑暗的，下屬對其道德所進行的審視，也會造成對權威的困擾，進而導致其領導者權威的模糊化。

雖然保持和提高道德標準是領導者應有之事，但其在現實操作中的困難是可想而知的。當領導者在行使權力時，總會有一些機會誘使他們放棄道德原則獲取更多利潤。甚至，從某個角度來看，現實利益和道德準則似乎是難以克服的一堆矛盾，往往會呈現此消彼長的狀態。

因此，在不同規模的企業中，總能發現領導者違背道德規範的現象，制定不合理的工作策略、商業準則、企業制度等，來謀求短期利益。這樣的現狀具有相當大的迷惑性，實際上沒有多大的作用。

事實是，如果領導者從來不注意個人道德的修養，沒有擺正道德和利益之間的相互關係，將「立德」放在領導力效果的對立面，遲早會形成消極影響。隨著企業越做越大，道德因素不足所帶來的風險，會一步步表現到企業的效益上，最終讓組織利益灰飛煙滅。

正如美國著名漢學家白魯恂（Lucian Pye）所說：「在中國文化裡，最大的權力來源並非制度，也不是武器，而是無私的道德地位來征服人心。」領導者如果能夠提高自身的道德修養，就能成為員工眼中的善良者。善良者才足以讓員工放心，並全心全意回報企業。

但需要注意的是，領導者如果對道德因素採取了實用主義的態度，並不真正想對員工施以「仁」，而只是把「仁」作為追求私欲的手段，表現出虛偽的道德觀，那麼這也不是真正的「立德」，同樣難以帶來直接的領導效果。

在一家集團，企業家老闆的道德理念主要展現在倡導人和人之間的情感關懷。他的道德準則，顯然構成了其領導者魅力的重要部分。

除了應有的福利待遇之外，老闆強調保障員工的生活條件。除了向員工提供優厚的住房條件外，因為銷售員工長期在外而難以顧家，他專門要求企業設立了「內部服務110電話」，由專門人員負責為銷售員工家屬排憂解難，從而消除銷售員工的後顧之憂。其企業文化真正展現出了傳統文化的應有道德理念。

如果說這些都能夠直接表現到管理效果上去，那麼這位老闆對少數員工和家庭的態度就顯得更為仁義、更為理想化色彩。曾經有一位技術中心工作的大學生楊某，因為在業餘時間游泳而意外身亡，其家庭來自鄉下，

生活環境不好。老闆惋惜不已，並給予了這個家庭很大的安慰，他說：「你們失去了好兒子，是家庭的損失；我們失去了優秀員工，是企業的損失……有什麼要求，儘管提。企業一定會盡力解決。」楊的家人很感動，但婉拒了幫助。這位老闆還是決定給予楊家一次性的經濟補助。在老闆的帶動下，全體員工紛紛捐款，面對整個企業的善意，楊爸爸感動得淚流滿面。

在擁有魅力的領導者的帶領下，企業員工也具有了相當優良的道德品行。

領導者的道德影響力，是建構其卓越領導力的基石。高超的領導力，是潤物細無聲的，它不需要太多技巧，需要的僅僅是心靈的呼應。領導者的內心變得更加善意，才會自然流露在行動中，博得員工的欣賞、模仿和追隨。

為此，企業領導者有必要培養自我道德修為，主動投資自我。

第一，將道德準則與企業制度相結合。

企業家個人私德很重要，表現在制度中的道德影響更重要。例如，企業內部的管理制度，不能違背應有的商業和社會道德原則、規範與實踐；企業對外經營，包括處理客戶、競爭對手之間的關係，也應當符合道德理念和倫理準則。如果領導者對於組織整體行為的道德標準視而不見，允許下屬員工任性妄為，用種種不道德，甚至違法的手段去獲取利益，那麼其領導者的道德形象也將大打折扣。

第二，「嚴以待己，寬以待人」的寬容魅力。

對待自己，領導者必須以品德自律，但在對待員工時，領導者也要表現出恰當的寬容。寬容，是千百年來無數人所喜愛與追求的大度特質。這種特質，能夠轉化為優良的品性，並能發揮出充裕的正能量。

所謂領導者的寬容，是指領導者有權力、有理由進行懲罰時，卻因為長遠的眼光而沒有懲罰；也是指他們有能力、有機會對下屬施加更大壓力

時，卻因為必要的理由而放棄這種壓力。

寬容的態度，會讓下屬感到意外，之後則是感懷和釋然，最終轉化成為努力進步的動力。反之，剛愎自用或凡事斤斤計較的領導者，即使只是普通人，也會表現得難以相處而無法具有吸引他人的魅力。嚴苛的領導習慣，與其說是約束和壓制了員工，還不如說是對自身領導權威的損耗。

漢代的丙吉曾擔任丞相。他的駕車小吏喜歡飲酒。某一次，他跟隨丙吉出行，居然醉得吐在了車中。下屬建議讓這個小吏走人，但丙吉說：「這種過失就要開除他，那麼他以後到何處安身？暫時寬容這次過失吧，畢竟也只是弄髒了車上的墊子。」

小吏對此很是感激。後來，出身邊疆的他看見驛站騎兵緊急傳遞邊塞軍情，便抓住機會求見丙吉匯報了自己對邊塞的看法。他建議丞相大人能夠事先了解邊塞相關官員的檔案資料，因為其中不少地方官員因為年邁病弱而工作能力不足。不久之後，丙吉按照小吏的思路，向皇帝匯報了相關情況，並得到了皇帝的重視。

試想，如果不是容忍了小錯誤，丙吉豈不是要失去一個重要的特殊人才？領導者如果能對員工無關大局的錯誤加以原諒，那些被寬容者即使在表面上沒有觸動，也會將情感放在心內。一旦有機會讓其發揮長處，他們必定能夠釋放能力，加以回報。如果凡事都要苛責，只會讓員工感到惶恐不安，難以做出改變。

第三，在細節上不要失分。

三國時期蜀國開創者劉備，白手起家三分天下，其奉行的領導標準就是「勿以善小而不為，勿以惡小而為之」。企業的管理事務雖然有大小之分，但企業領導者的道德表現卻沒有大小之分。

　　身為企業的核心人物，領導者一言一行猶如身處鏡子之中，被所有人時刻觀察。而你必須要時刻約束自己的行為，時刻維護道德形象的統一。這樣，你的道德表現會逐步內化成為生活和工作中的細節，而個人魅力也就由此形成了。

　　領導是一門藝術，離不開必要和充分的道德標準。只有將領導者身上的道德面紗揭開，他們在員工眼中的形象才會越發真實，其領導能力才會換取更加美好的成果。

助人者人恆助之

　　社會是企業組織活動的競技場，同樣，企業內部也會折射出社會形態。成功的領導者，會像社會運行的法則那樣，善於去幫助員工成長，更善於為員工提供機會。也正是在這樣的幫助下，員工也會做出回饋——這就是所謂的，助人者人恆助之！

　　李嘉誠在《聯合早報》上曾經寫過：「如果員工的品德良好，那麼對於他能夠做到的事情，就應該儘量讓他有機會去發揮。」這是因為每個員工的德才，都有其可取之處，因此他們進入企業理應擁有領導者授予的「表演」時刻。

　　不要認為你眼中能力不足的員工就不配獲得機會。對於人和人之間的不同，老子早就提出過自己的看法，他說事物的本性並不相同，有的喜歡前行，有的喜歡跟隨。有的和暖，有的吹寒，有的剛強，有的柔弱，有的穩定，有的變化。同樣，在企業中，員工的性格、才能也各不相同。但領導者不應有所偏重，而是要根據不同的員工，分別提供幫助，讓他們都擁有成長的機會和管道。這樣，就能做到如《道德經》中所言：「高者抑之，下者舉之，有餘者損之，不足者補之。」

　　在那些相當成功的大企業中，領導者通常更為善於給員工更多機會。他們知道，讓員工多經歷一些不同職位，拓展各自工作的空間，接觸不同的對象，就能獲得更為充分的鍛鍊。反之，如果領導者對員工的第一印象不佳，或者憑藉其初期工作表現就判斷對其沒有培養的意義，他們自然就難以成長。

　　美國著名的管理學者漢默（Hammer），曾經有一位紐約客戶，這位老闆每天都面臨著繁忙的事務，他除了要和公司客戶進行電話聯絡之外，還

需要面對桌子上不同的文件進行處理，每天都忙得抬不起頭。

　　漢默告訴這位老闆，身為企業的領導人，他做得太多，而大部分員工都在做簡單的工作，根本沒有機會去發揮實力，甚至進入這家公司都不需要花費腦筋去工作，更談不上去承擔什麼責任和風險。如果這樣下去，真正優秀的人才是不會留下來的，而留下來的員工也培養不成優秀者。

　　對此，這位老闆深以為然。但他還是堅稱，員工並沒有能力和自己做得一樣好，所以，給他們機會也更多是會被浪費的。但漢默告誡他：「第一，如果員工真的能夠現在就像你這麼聰明、做得這麼好，他就不需要做你的員工，而是自己創業當老闆了。第二，如果你從來不打算給他們機會去做，你又如何確定他做得不好？」

　　天高任鳥飛，海闊憑魚躍，自然界給了每個物種進化的機會。企業應該成為員工的天和海，無論他們是能夠飛升的鳥，還是善於騰躍的魚，都應該能從組織運轉中找到自我表現的機會。這樣，企業內才會生機盎然充滿活力。大到整個公司的經營目標，小到一個部門、一個職位上的人選問題，都要和不同員工面對的機會加以結合，讓他們從眼下的工作中看到美好的可能。

　　幫助員工成長，你可以從下面幾點做起。

圖 4-2 領導者學會幫助員工成長

第一，合理分配工作。

不要讓優秀的員工被工作壓垮，也不要讓看起來平庸的員工始終從事同一種工作。相反，領導者要對下屬的工作任務進行評價，觀察分配任務是否平衡。例如，大多數員工是否均等的得到了工作機會？是否綜合使用了不同專業和層次的員工，承擔新任務？員工的工作難度和工作量是否均等？

在形成整體規畫之後，領導者還應要求不同部門都建立各自的工作任務分配製度。這種制度應該充分表現出公平性。尤其在企業初創和成長期，更是應如此在內部推廣。

第二，了解員工對工作的意願。

在日立公司，安排員工工作的方針主要是結合其本人意願，安排他們做想要做的事情，自己選擇想進的部門。正如自然界允許萬物按照各自的規律生長一樣，領導者樂於授予機會給員工，並非是掌權者的恩賜，而是順應他們變化的內在規律。員工選擇了自己想要做的工作，其目標會越發明確，同時也越發珍惜自己的職位。

第三，讓員工能夠和更多同事合作。

進入企業，員工希望得到的不僅是學習更多專業，他們還希望在組織平臺裡面擴大人際關係網，提升社交層面。如果領導者沒有意識到這樣的需求，就會長期讓不同的員工分別處於不同團隊中，企業內人際關係逐漸僵化，還會由此帶來「小團體」問題。

為此，不妨在一段時間之後，將同一個團隊打散，進行新的組合。這樣，員工看到更多建構新型人際關係的機會，得到更多學習和追趕的空間，企業也會因為這樣的及時調整而從中受益。

　　給予每個員工適合的機會，能夠確保企業積極發揮人的特性，以人為本進行管理，充分發揮個體主觀能動性。這樣，才能讓企業中不同天賦、不同能力、不同特質的員工變得更加優秀，並共同幫助組織走向成功。

什麼該承諾，什麼不該承諾

生活中，常見到這樣的人：他們能夠為了一時需求而隨意給出承諾，但卻在需要兌現時尋找不同藉口加以逃避。這樣做，並不一定是他們有意為之，只是承諾給得過於隨便，沒有為自己留下絲毫的餘地，而發現諾言根本不能兌現時，只能用逃避應付。

這樣的人，注定會失去大量的朋友和支持，無法被周圍人所認可。倘若他們將如此特質帶入領導工作中，就會引起更大的麻煩。

當領導者向員工做出許諾之後，在對方心中播下了希望的種子，並不斷萌發生長。他們有可能會因此拒絕其他資源和機會，一心希望你的承諾可以兌現。然而，當他發現領導者不斷的讓其內心希望落空，就有可能直接停止行動、延誤時機。此時，領導者想要補救卻為時已晚。

不僅如此，喜歡動輒做出承諾但卻不兌現的領導者，會因為員工失去信賴而失去未來。你會發現越來越多的下屬不願和你共事，也不願意再和你打交道。你只能陷入孤軍奮戰的地步，哪怕想要進行一件微小的改變，都會出現相當大的困擾壓力。

因此，如果你承諾某事，就必須要堅持辦到，否則，就不要向員工做出承諾。

曾子是孔子著名的學生。

一次，曾子的妻子去城鎮趕集。孩子哭鬧著要一起跟去，妻子急著前往，便隨口安慰孩子，說只要聽話，回來便殺豬給他吃。曾子知道這件事情之後，便開始準備殺豬。

妻子回到家，連忙阻止：「我是為了讓孩子留在家裡，和他說著玩的，你怎麼還真的準備殺豬呢？」

曾子嚴肅的說：「答應了孩子的事情，不能不去做到。小孩子會模仿父母，現在妳做出承諾但卻不兌現，就是在教孩子騙人啊！」

於是，曾子不顧妻子的阻攔，堅決將豬殺了。

或許，曾子可以採用「迂迴」的方法，設法轉移孩子的注意，然後收回承諾。但這樣做並不能為他在家庭中的影響力加分，反而會增加未來領導的麻煩——伴隨成長，孩子會越來越意識到自己當初是如何「受騙」的，並對父母的信任大打折扣。

對子女尚且如此，對員工就更應重視承諾。承諾不是一種管理方式，而是領導者肩負的責任，也是他們為企業組織做出貢獻的重要方法。

不過，事情總是發展變化的。領導者也可能遭遇到另一種尷尬的情形：原來可以輕鬆兌現的事情，由於出現無法預料的意外，導致承諾無法兌現。因此，他們除了需要懂得兌現承諾的重要性之外，還應該清楚怎樣去給出承諾——領導者必須要留有一定的空間，這並非是為了給自己不努力的理由，而是為了避免萬一的變故，導致領導力信用的降低。

因此，每位領導者都應該明確知道什麼該承諾，什麼不該承諾。那麼，如何區分呢？應該根據具體情況，採取不同的方式。

第一，對無法完全確定的事項，可以採取彈性化承諾。

在企業營運中，即使是領導者也不可能完全確定某些事實，更不可能完全確保未來情況的發展。因此，如果你對事情缺乏把握，就可以對下屬使用彈性化承諾，將話說得更為靈活一點，這樣就能有伸縮的餘地。

你可以使用「我們盡可能提供……」、「儘量和客戶溝通」、「最大範

圍內採取」等靈活的字眼。這樣，即使最終結果不如下屬所期待的那樣好，他們也能夠接受。

第二，對時間跨度較大的事項，能夠採取延緩性的承諾。

在企業管理中，某些事情在員工看來，當下就可以完成。但領導者從組織整體利益角度出發，又不能馬上加以同意。為此，可以在承諾時採取「拖延」方法，將時間加以延緩，即將實現承諾的時間加以延長，為自己留下行動的空間。

某部門經理找到老闆，要求替自己部門的員工加薪。領導者可以做出承諾，但並不需要說出明確時間：「如果年終考核時，公司業績好，而且你們部門成績突出。那麼，就可以讓整個部門的員工都有加薪機會。」這樣，時間就能夠拖延到年終結算時，既留有餘地，同時也能激發整個部門員工的工作熱情。

第三，對承諾設定前提條件。

如果領導者所做出的承諾，靠自身無法獨立完成，那就一定要帶有足夠的前提條件限制。例如，你承諾幫助某部門提高其技術工作能力，但這涉及到公司內部人力資源分配的問題。因此，你可以向該部門經理指出：「如果公司人力資源計畫能夠安排，同時技術團隊可以協調過來，我就可以為你們調撥技術人員。」這裡用多個條件對承諾做出了限制，既表現了領導者對部門的關心和誠意，也委婉的告訴了員工實際難處。

在做出承諾時，明智者會事先充分考慮和分析客觀情況。在做出承諾之後，他們會努力兌現，但在之前，他們絕不會隨口答應，以防後患無窮。

虛懷若谷，能容人，能愛人

　　中國歷史上為人稱道的君臣故事中，總少不了唐太宗李世民和魏徵的身影。但較為人少知的是，魏徵原本在太子李建成手下任職，為了確保政治鬥爭的成功，他為李建成出謀劃策，多次給李世民造成麻煩，甚至是生命危險。按照普通人的推想，在玄武門事變之後，李世民第一件要做的事情就是徹底顛覆李建成的集團，將魏徵這樣的對手處死，或者流放。但李世民卻表現出了封建君主難得的寬容，他不僅赦免了魏徵，還委以重任，最終留下一段歷史佳話。

　　當代企業中，重視寬容，同樣是領導者的美德。一家企業能夠進入世界五百大，與老闆的領導理念有著密切關係，其中除了嚴格管理，還有著寬容為主的風格。

　　這位老闆曾在全球市場工作會議上說：「有人把管理定義為透過別人做好工作的技能。一旦和人打交道，寬容的重要性就會立即顯示出來。人與人之間的差異客觀存在，而所謂寬容，本質上就是要容忍人與人之間的差異。不同性格、不同特長、不同偏好的人，能否凝聚在組織的目標和願景旗幟下，靠的就是領導者的寬容……」

　　管理學大師杜拉克曾經這樣說：「倘若公司中所有員工看上去都沒有缺點，那麼唯一的可能就是他們全都是平庸者。」尤其在中小企業內，看上去毫無短處的員工，很有可能就是各方面都說得過去，但絕對是沒有過人之處的普通人。需知，任何人都是有其優勢和短板的，有長處必然會有短處，誰也不可能十全十美。那些看上去存在明顯缺點的員工，其潛在的長處往往也是最具價值的。

身為企業老闆，無論是員工團隊的現實情況，還是企業發展趨勢所呈現的必然性，都要求你正確對待下屬的特點。首先，一個人的缺點如果不是致命的，就不能因此而否認其價值，領導者要明白「瑕不掩瑜」的道理，寧可接受那些存在瑕疵的玉，也不能讓完美的石頭充斥企業。其次，如果員工的缺點看起來無法克服和改進，不妨轉換一種思維：既然員工改變不了，那麼是否能改變他展現能力的場合？

柯達公司在生產照相感光材料時，需要工人能夠在沒有光線的暗室中熟練操作。為此，公司要花費很多時間和金錢去培訓工人。但柯達很快發現，盲人在暗室中行動自如，而且只要稍加培訓，就能達到比常人還要熟練的程度。

於是，柯達公司大量應徵盲人，從事感光材料的生產製造。而原本的那些工人則調入了其他部門，提高了生產效率。

盲人的缺點幾乎是無法克服的，但只要將他們放在正確的位置上，也一樣能夠變成優點。領導者應該跳出傳統的思考模式，從客觀實際出發，對手中的人力資源量才使用，有針對性的「用人之短」，能夠產生意想不到的效果。

為此，優秀的領導者必須同時也是優秀的指導教師，需要十分清楚員工的長處和短處，並按照實際情況恰如其分的分配工作。如果他只懂得按常理出牌，那麼員工就很有可能無法真正接受適合的任務，更駕馭不了權力和責任。

企業家必須要能結合選聘、訓練、引導和培養員工的過程，對員工的缺點加以正確運用。

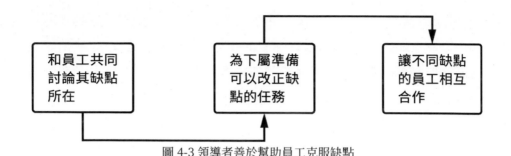

圖 4-3 領導者善於幫助員工克服缺點

第一，和員工共同討論其缺點所在。

當局者迷，員工在觀察自身的缺點時經常不得要領，找不到應該注意加以改正和調整的地方。為此，領導者可以多和下屬共同討論其職業生涯發展情況，並藉此機會向他們指出缺點。或許一開始下屬無法接受這些缺點的曝光，但如果領導者能夠表現出應有的關心和耐心，他們就會積極配合，並願意與領導者相互協調做出改變。

事實上，很多員工之所以能夠積極改正缺點，正是因為他們在上司的提議下才發現了缺點。由此開始，他們在工作中感受到了壓力，並能夠加以積極改正。

第二，為下屬準備可以改正缺點的任務。

如果領導者發現了員工的缺點，袖手旁觀或者希望員工自己主動改變，都並非最好的做法。領導者應積極挑選那些最需要改正缺點的員工，將他們放到便於克服缺點的舞臺上。例如，你發現某個員工工作能力很強，但組織能力不夠，這時你需要的不但是讓他能夠意識到問題，還要將帶團隊做專案的工作交給他，讓他在實踐中不斷總結方法去彌補自己的缺點。這樣做，既能夠讓下屬透過實踐來看到變化，同時由於他意識到新任務的重要意義，也會更加投入的面對工作。

第三，讓不同缺點的員工相互合作。

　　雖然每個人都有著不同的缺點，但往往缺點的另一面就是優勢。例如，一些人和同事難以融洽的相處，他們過於謹慎、理性乃至斤斤計較，導致他們在公司沒有「朋友」。如果將這樣的員工放在人力資源部門中，自然難以很好的和其他人合作。不妨將他們放到生產部門的品質監督職位上，與那些看重人緣但難免會過於「寬厚」的部門管理者合作，這樣，雙方的缺點會相互彌補，進而形成良好的管理合力。

　　人無完人。領導者用人，不能指望去挑選出沒有缺點的人，而是有創意的去分析和判斷不同的缺點和長處。對於能力高超的領導者而言，他不僅能夠發現員工的長處、規避員工的短處，更能透過將改變員工的職位，將其短處變為長處，從而最大限度的發揮人才的價值。

分享的魅力擋不住

俗話說，「患難見真情。」沒有共同戰勝過強敵的將士，難以捏合成為強大的軍隊。同樣，只能享受員工帶來的勝利喜悅，而不願意和他們一同面對困難的領導者，也無法說服整個企業跟隨他一起行動。

每位領導者都應當懂得分享，而分享的魅力不只是源自業績的分享，更在於員工面對困難時伸出的援助之手。

當直接下屬在工作中遇見困難時，領導者應該義不容辭的站在他們的一邊，為之提供必要的資源，並指示、幫助和共同尋找解決方法。對於那些負責執行的基層員工，領導者則應該在決策初期就考慮到其有可能面對的困難，儘量利用決策內容，來提前化解基層員工操作失誤、資源不足、協調出錯等風險。這樣，領導者就會因為和下屬共同克服困難，而贏得充分的支持。

即使並非上下級關係，任何人如果能夠共同克服困難，就會自然產生互相支持和幫助的良好情感。不論是誰，都會有運氣不佳、實力不濟或發生錯誤之時。對於員工，企業領導者不應該錯過伸出援手的機會，而是主動做出積極表現，成為富有責任感的掌舵者，幫助員工找準方向。

領導者還應鼓勵那些由於困難，表現出灰心態度的員工，讓他們能夠充滿信心面對困難。

春秋戰國時，吳起是各國諸侯聞名的名將。他有著卓越的軍事才能、輝煌的個人戰績。而他又是如何做到這一點的呢？這與他願意和下屬共同面對困難有著分不開的關係。

據說，吳起不管在哪個國家率兵，都和最下層的士卒共同吃苦。他睡覺時不鋪臥席，行軍時也不騎馬坐車，而是親自背著乾糧，就像普通的士

兵那樣。有一次，下屬中有人生了惡瘡，吳起甚至還用嘴為他們吸膿。事情傳出去之後，生病下屬的母親聽說以後，頓時大哭，別人為此感到不解，這位母親說：「當年，吳公曾經為孩子的父親吸過瘡上的膿。所以他父親就在作戰時，勇敢拚命，最終戰死。現在，吳公又為我的孩子這樣做，我真不知道他以後會戰死何處。」

這位母親之所以感到如此悲傷，是因為即使作為局外人，她也清楚的知道，吳起能夠用兵如神，並不只是在於智謀，還在於其強大的領導力。這種領導力，正是透過幫助下屬度過困難作為基礎的。有了同甘共苦的共同經歷，部隊自然能夠在戰場上英勇作戰而所向披靡。

但有些企業中，當下屬面對困難時，有的領導者只會端起架子，希望下屬能夠放下一切去努力，自己則躲在陣線之後毫無作為。試想，下屬為什麼要心甘情願的為這樣明哲自保的領導者去奉獻？當他們看到領導者願意和自己共同承擔壓力，互相支持，他們才會和領導者產生默契感，自發的聚攏在一起，形成同舟共濟的關係。

從心理學上來說，只有在上述情況下，下屬將領導者當成了「自己人」，才能建立彼此信賴的關係。

在和員工分享資源、共同克服困難的過程中，領導者需要注意的是，現代企業的員工，更希望從你這裡獲得的是長效性幫助。

在幫助員工時，企業領導者應多傾向於解決他們工作上的困難。

第一，幫助員工找到業績滑落的原因。

當員工業績不佳時，其表現很可能為實際業績和期望業績之間有所差距。為此，領導者可以利用對其了解，幫助他們重點分析業績為何出現差距。

例如，透過直接下屬，向基層員工轉達改善問題的方向，或者提出具體要求引導員工進行觀察糾正等，儘量在採取具體措施對問題加以糾正之

前，就提示員工找準問題出在哪裡。這樣的幫助，對員工克服困難的過程往往是決定性的。

第二，對重要下屬的工作行為認真觀察並進行指導。

領導者不可能直接接觸所有員工，但對其中最重要的下屬，你應該進行認真觀察並加以指導。

領導者應該抓住一切可能機會，具體了解那些擔任重要職位的員工，考察他們的業績強項，找出他們的能力弱項，然後有針對性的對他們提出看法和意見。對這些員工，領導者不應先入為主，認定他們具有某方面的缺點，相反，充分的耐心，才能幫助你從其身上找出問題並予以幫助。

第三，提供資源，讓員工走出職業倦怠。

目前，中小企業員工面臨的工作困難往往來自於其職業倦怠。尤其對於那些長期從事繁瑣、重複的操作性工作的員工，更是有可能因為熱情淡去，而降低工作效率。

職業倦怠本身經常表現得並不明顯，但卻是許多員工都注定需要戰勝的麻煩。因為這種倦怠是一種惡性循環，對工作產生強烈的破壞力。因此，領導者需要重點去指導企業的人力資源部門，為員工量身打造符合其自身發展軌跡的職業通道，使得員工看見自己上升的空間；或者在企業內部推行職位輪換，根據員工對職業、職位的需求和其個人興趣、能力的相配程度，指導其理性選擇合適的職位。同時，也可以增加員工工作職責與內容深度，允許他們能夠用更大自主權、獨立性和責任感面對新的完整工作。

更重要的是，企業需要積極有效的為員工提供充分有效的工作資源，例如技術支援、人力支援、財物補給等。這樣，員工追求的目標和獲得的支持就相互搭配。他們會相信困難可以克服，並由此擺脫倦怠、點燃熱情。

領導者的魄力決定了員工的信任力

　　傳統文化博大精深，但其中並非沒有糟粕。例如，「木秀於林，風必摧之」這樣的思維，在歷史和現代的種種情境中，大都沒有產生多少好效果。許多優秀的人才正因為信奉這樣的「定律」，才刻意的對其所處團隊或組織保留實力，最終轉身離去。

　　但另一方面，領導者也應該反躬自省：為什麼員工不願意為企業奉獻出百分之百的努力？為什麼他們不願意成為組織中的參天巨木？如果說他們有所擔憂，到底擔憂的是什麼？

　　不妨來看現代西方企業發展歷史上的案例。

　　福特公司傳承到福特二世（Ford II）的手中之後，企業積極延攬人才，銳意改革，一時間福特汽車公司再創輝煌。然而，正當整個企業和福特二世個人的事業都蒸蒸日上之時，身為領導者，他卻變得剛愎自用、嫉賢妒能。他認為，自己是家族名副其實的傳人，不應該允許下屬的名望和權力都在自己之上。很快，他決定和當時領導福特公司的總經理艾科卡（Iacocca）解約，當他徵詢意見時，表示了不同意見的副總經理，也一併被解僱。

　　這件事情轟動了當時全球企業界。很快，負面連鎖效應紛至沓來，福特原本強大的人才團隊開始流失，公司由於缺乏生氣，難以再現高速發展的輝煌。1980年，63歲的福特二世，似乎意識到當年的錯誤，並宣布退休。但由於錯過了最好的機會，這家公司已經難以再現過去的輝煌成就。

　　領導者用人是藝術，同時也是膽略。是否敢任用比自己還要強的人才，考驗著每個領導者。

　　必須承認，即使在現代社會，嫉賢妒能的特性依然存留於部分領導者的心態中。尤其在當下社會，人和人之間的信任關係由於種種原因最低值被刷新，加上民營中小企業的家族性、股權不明等特點，很容易讓企業家擔心那些「重臣」有朝一日會將企業資源據為己有，進而獨立出去。很多中小企業家甚至這樣想：與其產生這樣的後果，不如從一開始就不要給予人才相應的權利，將他們約束在現有層次中，這樣，企業發展速度即使慢一點，但起碼是「安全」的。

　　這樣的想法或許有一定的道理。但如果換個角度來思考，如果對每個員工都要「留一手」，將每個下屬都看做未來的背叛者，真的能夠讓企業獲得充沛的生機和活力嗎？答案必然是否定的。當老闆們在擔心人才能力和地位過於強大時，他們無形中為企業的墮落打開了「地獄之門」。

　　隨著社會的進步，每一代人都會表現出超越前一代人的特質。這樣的事實，已經表現在不同組織的各個層面中。領導者遇到能力出色甚至超越自己的下屬，並不是什麼可怕的事情，甚至可以看做企業發展的必然。對待這種必然的正確態度，需要老闆能夠正確帶動這類員工的積極性。換而言之，領導者有多大的魄力去用人，就會有多大的提升空間來鍛鍊員工。

　　在資訊經濟的時代，領導者更需要具備果斷使用人才的膽魄和能力。人才本身就是稀缺資源，不積極發現和使用，這樣的資源就會迅速流失。想要具備用人的魄力，除了要勇於起用比自己更強的下屬之外，還要具備下列挑選和任用員工的眼光。

圖 4-4 領導者的知人善用能力

第一，不要隨便懷疑下屬。

許多中小企業領導者，最容易出現的問題就是對下屬有著強烈的不信任。這種不信任即使只是埋藏在內心，也很容易造成在用人上的舉棋不定。其實，對下屬能力、業績的猜疑，很多時候只是老闆主觀上的想像和誤解，其心理原因在於領導者缺乏足夠的自信。

為了解決這樣的問題，你必須要學會蒐集更多可以呈現下屬能力的資訊。更重要的是，你不妨學著多去觀察一下下屬的優點，為自己吃下一顆「定心丸」。

第二，要有獨立的人才選擇觀。

由於中小企業家的事務繁忙，他們很難真正抽出身來在企業內長期觀察不同員工的工作行為。當企業需要選擇和提拔人才時，老闆們總希望透過諮詢身邊的老員工、老下屬或者直接助手，來挑選出優秀的員工。這種想法自然有其合理之處，然而，身為企業的最高領導者，你還是需要有獨立的人才選擇觀。

　　首先，你要清楚的了解企業下一步的發展階段中，最需要怎樣的人才。企業內不同的部門管理者、不同的團隊人員，對人才需求是不同的。因此，這些下屬觀察的視角自然不同，對同一個員工做出的評價也自然不同。但身為領導者，你必須要能夠站在核心決策者的角度，有所捨棄，並果斷選擇出其中最符合你心目中的人，加以重用和提拔。

　　其次，你要懂得如何排除干擾。由於企業領導者喜歡諮詢「創業元老」，結果經常出現挑選出的人才都接近同一類型，導致企業關鍵人才的結構單一、特點接近。事實上，你完全可以引入新的視角，例如邀請專業人力資源諮詢專家，或聘請顧問公司來對企業員工業績進行評測。這樣，你就能夠跳出現有圈子，得到新的評估標準。

第三，要幫助關鍵員工樹立威望。

　　當你確定了新的關鍵員工，並授予他們職位和相應的權力之後，並不代表用人的準備工作已經結束了。由於組織整體文化、私人關係以及資源分配等影響，有可能讓這些被重點關注的人才，難以獲取寬鬆的工作和成長環境。為此，領導者還需要進行相應準備工作，例如將新的人才向企業元老加以推薦、介紹，分配一些容易做出成績的工作項目，帶領他們參加產業交流，將他們介紹給主要客戶和政府相關部門等。儘快讓他們適應企業，也讓企業的每個人能夠認可他們。

　　毋庸置疑，當領導者果斷幫助關鍵員工樹立起威望之後，對其任用也成為了所有人接受和尊重的現實。這樣，領導者的用人計畫也就能夠順利實施了。

第五章

領導者的學習力至為關鍵

學習是領導者一輩子的事情

　　企業的運轉離不開規章制度，這些規章制度即是領導力作用的具體表現，也是規範員工的風向標。如果沒有規章制度，員工的行為就失去了控制，組織將必然陷入一片混亂。但是領導者管理公司也不能依靠一成不變的制度，而是要懂得順勢而為、及時對制度進行調整和改變。

　　社會在不斷進步，經濟也在不斷發展，企業中的人也在不斷更新換代。因此，學習是領導者一輩子的事情，每位領導者都要拒絕墨守成規，而要順勢而為。

　　以上班時間的管理為例，大多數企業為了形成明確的作息制度，會規定出準確的上下班時間。一旦員工沒有遵守這樣的上下班時間，企業就會對其進行處罰。但採取這樣的制度之後，企業也很容易出現另一種問題：在下班時間的前四十分鐘左右，員工就已經選擇偃旗息鼓，工作效率幾乎降到一天的最低值。類似的固定時間制度，反而有可能在無形之間浪費了員工的大量時間。

　　正因為觀察到這種現象，不少企業在其不同部門中推行了彈性工作制度。這種制度意味著，在工作業績固定的前提下，員工可以自行安排工作的起止時間，不再受統一時間的約束。

　　提出這種工作制度的日本學者荻原雄認為，彈性工作制度能夠對時間和空間的限制加以取消，實現個性化管理，員工個人需求和工作需求之間的矛盾能夠被輕鬆化解。

　　最重要的是，在企業中有很多行政部門或知識職位，員工真正的價值不在於其工作時間，而在於其工作效率。如果能夠在相對自由的氛圍下工

作，員工提高工作效率的可能性很大。

因此，領導者就應該考慮到其自主性工作特點，實行可伸縮的彈性工作制度。對員工來說，這種彈性上班制度能夠增強他們的工作意願、減少他們生活和工作之間的矛盾；對企業而言，這種制度也能夠減少加班，並進一步減少成本和增加利潤。最終，整個企業的員工能夠合理對勞動時間加以分配與使用，進而提高整個組織的創造性。

在這樣的創新中可以看到，企業領導者並不需要在原則上打破企業原有制度，而是透過順勢而為，增強制度的靈活性。這樣，就既帶動了組織的工作效率，也提升了員工對領導者的滿意程度。

對於領導者來說，對任何事情只要換一個角度進行思考，有效打破常規，就能制定出合理而有價值的規章制度。

當然，順勢而為的領導力，並不代表員工可以隨心所欲。想要讓制度符合現實情況，領導者不能忽視下面幾項工作的重要性。

第一，修訂制度前的周密準備。

在制訂或改變制度之前，領導者要充分檢驗制度中每一項規定是否草率、是否真正經過了全面思考。例如主管者的責任安排是否妥善、不同部門和職位圍繞這一制度是否有了及時準確的連結。

想要看到制度執行獲得應有成效，就要透過準備工作，將「勢」醞釀充分。這就如同老子所提倡的「將欲取之，必先予之」一樣。否則，缺乏必要的「勢」，試圖透過個人權威，直接推進修訂政策，難以收服員工的心，也看不到應有的效果。在積極準備之下，了解實際情況，整理分析不同問題，提出解決方法。然後再讓不同的條件融匯聚合，形成合力，再對員工提出遵守制度的要求，才能產生應有效果。

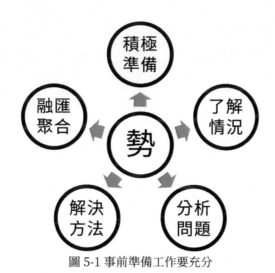

圖 5-1 事前準備工作要充分

第二，用革新思維克服懶惰習慣。

　　「周雖舊邦，其命維新」，傳統文化並非人們想像的那種故步自封，而是充滿了積極進取意識。同樣，在追求領導者境界上升的過程中，企業老闆也要積極打破常規思維，克服惰性和慣性。

　　天行健，君子以自強不息。領導者想要成長，就不能安於現狀，不能依靠自身已有的經驗和方法面對所有問題。相反，他們應該仿照自然界中天道運行的變化，隨時準備好發現那些更新更好的學習對象。不要總是相信所有人選擇的領導模式，因為這樣會很容易陷入邯鄲學步的境地，失去個性和創造力；也不要總是相信企業歷史上勝利的經驗，越是這樣的企業，背負的包袱就越重，其過往的制度積重難返，無法提供新價值，反而成為負擔……面對慣性所可能帶來的困境，領導者不妨給自己適當獨處的時間。在對內心的觀察和冥想中，跳出自己現有的角色，將企業現有情況想像成為一無所有、白手起家的狀態。如此，清除雜念，推倒思維裡原本的牆，積極探索制度的拓展與改變空間，有效克服懶惰的桎梏。

第三，要勇於融入新鮮血液。

　　一個長期封閉化的企業，看似安穩，實則擁有的文化已經逐漸僵死。為了避免這一情況，領導者應該審時度勢，抓住市場提供的資源，透過資產收購、聯合、兼併等手法，促成本身企業資產與其他企業資產之間的融合。這樣，隨著員工的合理流動，不但讓企業結構發生變化，更能讓企業文化帶來新的「勢」。在新勢頭的衝擊下，企業領導者會獲得足夠的啟發，幫助企業打造出符合實際的制度。

　　無論制度在文字或功效上表現出的內容是什麼，其最本源的價值和意義，無非是為了幫助領導者更好的帶領組織實現既定目標。了解這樣的道理，領導者就可以站在更高層次去看待制度的意義和價值，讓制度能夠融會貫通、與時俱進，幫助領導者更好的管理企業。

把時間用在關鍵工作項目上

最常被掛在領導者嘴上的一個字就是「忙」，每位領導者都深感時間的不夠用，恨不得把一分鐘掰開來用。領導者覺得每件事項都如此重要且緊急，在忙得暈頭轉向時，很容易造成顧此失彼的情況。

領導者面對時間不夠用的困擾，應該如何分配時間呢？

對於這樣的問題，早在一百年前，艾維‧李（Ivy Lee）就給出了答案。那時，伯利恆公司還是美國第二大的鋼鐵公司，原公司的董事長查爾斯‧施瓦布（Charles Schwab）面臨著工作效率和團隊管理效率提升的難題。直到遇到了艾維，查爾斯‧施瓦布的問題才得到了解決。

艾維被譽為現代公共關係之父，對於效率提升，他有著自己的一套方法，人們也樂於將他稱為「效率專家」。當了解到查爾斯‧施瓦布的難題時，艾維直接來到了查爾斯‧施瓦布的辦公室：「我這裡有個祕訣，有了它，你們公司每個人的工作效率都會得到提升。不僅如此，管理層的團隊工作也會有所改進，你們公司的銷售業績肯定能有個極大的成長。而要實現這個目的也很簡單，只需要讓我和你們公司的管理者都見上一面。」

查爾斯‧施瓦布雖然久聞艾維「效率專家」的大名，但他也不敢相信艾維能有這樣的「魔力」。他將信將疑的問道，「這個祕訣要多少錢呢？」艾維的回答是，「免費。只要三個月後，你看到了它的效用，你就給我一張支票好了。至於支票上的數字，你看著效果給就好。」對於這樣的買賣，查爾斯‧施瓦布自然沒有理由不答應。

第二天，艾維又來到了查爾斯‧施瓦布的公司，並占據了一間辦公

室，讓公司的每個管理者輪流與自己見面。其實，他對公司的管理者並不熟悉，之所以選擇一對一的談話，也只是為了管理者們能夠真正的接納並實施他提出的方案，而這個方案就是，「在接下來的三個月裡，每天工作結束時，你都要列出一個清單。清單的內容是你第二天需要完成的，最重要的六件事，並按照重要程度，將其進行排序。不一定非要是六件事，但一定不能超過六件。」

公司的很多管理者在聽到這番要求後，都感到驚奇。在他們想來，老闆安排了這樣一場「培訓」，自己一定會收到一本厚厚的培訓手冊，而且要坐在那裡聽上個幾小時呢！誰知道這位「效率專家」連「效率培訓」都進行得這麼有效率！

面對管理者們的質疑，艾維只是簡單的說道，「就是這樣了。你們只需要在完成一件事之後，在清單上劃掉它，接著再做下一件事。如果哪天有列出的事情沒有完成，就把它列在當天的清單中。」

對於這樣簡單的方法，公司的管理者們都自覺的照做了。三個月之後，查爾斯·施瓦布開給了艾維一張支票，上面的數字是 35,000 美元！而當時美國工人的平均收入還停留在 2 美元！這就是艾維的六事清單法！

艾維的六事清單法，就是時間管理法。說到底，所謂時間管理，其實是對事情的管理，即自我行為的管理。在時間管理的理念指導下，透過有效處理自己生活周遭的各類事務，進而達到個人生活及工作狀態的改變和提升。

要管理好自己的時間，必須要關注事情的兩大屬性，即重要性和緊迫性。正是根據這兩大屬性，在新一代的時間管理理論中，時間管理的優先矩陣成為時間管理的基本工具。

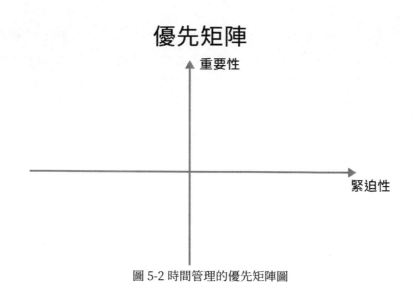

圖 5-2 時間管理的優先矩陣圖

　　根據這樣一張矩陣圖，領導者就能更好的認識時間。所謂緊迫性，也就是指所做的事情是否緊迫，是否需要立即處理，其中有多少可以拖延的時間；而重要性則與每個人的目標息息相關，根據每個人的目標不同，事物的重要性也有所不同，相同的是，越有利於核心目標實現的事情，其重要性必然越大。

　　如果仔細回想一下自己的生活，你就會輕易的將自己所做的所有事情，按照這樣一張矩陣圖進行分類，將事情放入四個象限中，從第一到第四象限，分別是 A、B、C、D 類事件，即重要且緊迫，重要但不緊迫，緊迫但不重要，既不重要也不緊迫。

　　一旦領導者能夠清晰的將工作中的各項事務，按照優先矩陣進行分類，其時間管理也將變得事半功倍。此時，領導者要做的，就是把時間用在關鍵工作項目上，也即 A 類事項上。

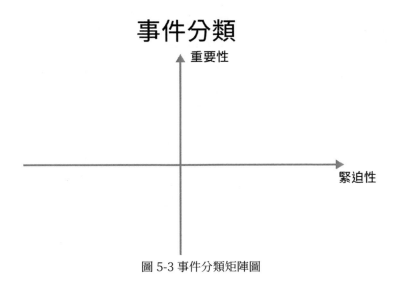

圖 5-3 事件分類矩陣圖

與他人共享是最好的成長

人的成長過程，很大程度上與個人的職業發展相重疊。在大多數人的一生中，最重要的 20 ～ 60 歲，都是在職場中度過 —— 無論是領導者，還是員工，都是如此。

領導者就是員工最重要的成長環境的引導者，所以也應承擔起工作本身之外的職責，在實現自身成長的同時，幫助員工在工作中找到使命感，讓工作本身成為一種幸福。而幸福的本質是什麼呢？正是意義和快樂。而在工作中，想要意義和快樂，也需要員工具備工作職位所需的能力。

A 公司成立之初就建立了「員工關懷中心」，就是幫助員工製作個人職業生涯規畫。在新員工進入公司之初，部門主管就會與員工展開深入的談話，談話的目的就在於了解員工的全面資訊，包括員工的興趣愛好、能力特質、工作背景等等，在此基礎之上，主管就要幫助員工制定出一個明確的職業發展規畫，引導員工確定自身的發展方向。

根據員工的發展階段，公司會為其量身制定發展策略。這套發展策略的制定標準需要結合三個方面進行考量，其一是員工的發展方向，其二是職位的能力需求，其三則是企業的發展策略。

A 公司的「員工關懷中心」其實就是企業的一個共享平臺。在這個平臺裡，每位領導者都會與員工共享自己的經驗，幫助員工確定成長方向，引導他們走向成功。

這也不是一種純粹的付出。其實，與他人共享，是最好的成長。

從組織發展來看，領導者將經驗和技巧與員工共享，能夠有效引導員

工快速成長，從而幫助組織創造更多效益。這對於組織而言，就是最重要的成長。

而對領導者個人來說，在這種共享中，也可以緊跟時代步伐，了解每一位員工。這一過程也是一次思想碰撞的過程，能夠推動領導者自身的成長。

沃爾瑪公司中，領導者始終都是向員工敞開心扉的。從總裁開始，每個人佩戴的名牌上都只有名字而沒有職務。在公司內部也不強調彼此職務，見面都是直呼其名。這樣，領導者看起來和員工沒有什麼不同，他自己就能帶頭做到表裡如一，恰如其分的融入一般員工群體。

為了能夠真誠的讓員工了解自己的想法，在每次股東大會之後，沃爾瑪的創始人山姆·沃爾頓（Samuel Walton）都會邀請所有相關員工，到自己家舉辦野餐會。

在野餐會上，他會和員工相互認識，大家暢所欲言，傾聽對工作的看法，討論企業的現狀和未來。沃爾頓不會因為交談對象的身分、職位或資歷就隱瞞自己的看法和觀點，他希望更多的員工能夠了解到領導者決策的每個細節，從而對公司有更加全面和真實的認識。

為此，他將股東會議的錄影向所有員工開放，公司刊物也會隨時對領導者決策的情況進行詳細報導。

沃爾頓說：「我希望透過這樣的方式，讓我們團結得更為緊密，讓大家親如一家，為共同目標而奮鬥。」

正是因為平等的共享精神，才讓沃爾瑪的員工能夠對領導者有強烈認同感，並具備了充分的主角精神。多年來，在零售產業中，沃爾瑪的月薪顯然並非是產業中最高的，但卻吸引了許多員工，這是因為在沃爾瑪，他們能知道領導者是怎樣想的。

那麼，領導者如何才能做到和員工真誠溝通、充分共享呢？

圖 5-4 領導者學會溝通和共享

第一，選擇最好的表達時機。

在不同時段，每個人的認知、情緒狀態都是不同的，這會直接影響到員工對決策的看法。因此時機很重要，領導者應該選擇適當時機，根據員工心態和行動的具體特點來進行真誠溝通。

例如，當下屬為自己所提出的新方案感到自信和欣喜的時候，領導者不應該馬上就提出相反意見，否則，容易讓下屬感到你是在「嫉賢妒能」。相反，當員工較為偏執的看法和激烈的熱情消退之後，領導者再推心置腹的和其交流，說出自己的看法，這會讓員工感到樂於接受，並欣賞領導者的坦率真誠。

第二，在工作外多進行雙向交流。

工作場合中，每個人都需要背負著自己的職場角色。這種狀態下的領導者並不總是能做到暢所欲言。因此，把你可以選擇在非工作場合之下，與下屬進行充分的雙向交流。

在非工作場合中，領導者在一定程度上不再需要「保持」職場形象，這種交流可以更輕鬆的讓企業中所有人都印證領導者的真誠平和。領導者還可以多向下屬提出請教性質的問題，要表現出學習者的態度，勇於積極和快樂的向下屬表達內心所想。這樣，下屬才能明白領導者的信心和力量從何而來。反之，如果領導者在工作以外的時間還要繼續保持「官架子」，就會遠離下屬，可謂是一種悲哀。

第三，要有包容下屬的雅量。

「海納百川，有容乃大」，這是清朝末年林則徐在為官時對自己提出的座右銘。無論是工作中還是工作之外，領導者和下級的合作、溝通，都會涉及不同方面的爭論。這些爭論不僅可能包括工作方面，也有可能只是圍繞一些細節，甚至是和工作完全無關的事情。當矛盾產生之後，領導者必須要有包容之心，無論員工說的話是否正確，都不應該加以壓制，也無須牢記心中。唯有這樣，員工才能確認你的態度正是你的心聲，他們才會認為你並不難以交流，進而才願意和你保持持續的溝通和共享關係。

尊重你的員工，讓他們時刻了解你，這樣，你所獲得的才是不斷提高的威望。

培養高效能的做事習慣

有一次，某企業的一個部門經理，要求各個主管在一天內分別做一份統計報告。

然而，幾位主管一番計算之後發現，要做好這份報告：需要兩個小時的時間查閱資料；兩個小時的時間諮詢其他部門兩位同事，同事需要一個小時的準備時間；除此之外，還得有兩個人統計數據，分別需要三個小時；最後，完成報告需要四個小時。他們頓時就傻眼了，「經理這是在為難我們嗎？2＋2＋1＋1＋6＋4＝16（小時）！經理要我們在八小時的工作時間裡完成 16 個小時的工作！今晚又得熬夜加班了……」

但在幾位主管互相抱怨時，其中一位主管卻迅速找到了一個「雙管齊下」的辦法：8 點上班，就通知要諮詢的兩位同事做好準備，並讓兩位主管開始統計數據；與此同時，開始查閱相關資料；10 點時，兩位同事已經做好準備，可以直接開始諮詢；12 點時，諮詢結束了，此時，兩位主管的統計工作也已完成，並審查一遍；午休；下午一點半時，整理報告；17 點時，完成報告！

就這樣，十六個小時的工作，僅用了八個小時就已經完成。如果領導者能夠培養出如此高效能的做事習慣，那麼，他們的一分鐘或許真的可以「掰開來當做兩分鐘用」。

第一，學會時間統籌，讓時間更有效率。

時間統籌就是要做到「雙管齊下」，合理的統籌每一分鐘和每一件事，讓我們能夠在有限的時間裡，做更多的事，讓時間變得更有效率。

比如在上述報告完成方案中，如果按照第一種方案操作，在其他部門同事準備被諮詢時，這一小時的時間做什麼？在兩位主管統計數據時，其他主管做什麼？這些閒置的時間和人力，並沒有被統籌，那時間自然沒有效率。

時間統籌，就是在同一時段裡，儘量安排盡可能多的事情同時進行。然而，時間統籌並不意味著分散精力，而是以一種數學的方法，科學的安排時間進程，有效減少那些無謂消耗的時間。

第二，懂得馬上行動，讓行動更有效率。

時間統籌能讓你在既定時間裡處理更多的事項，而馬上行動，則能讓你用更少時間來處理既定事項。

湯姆‧霍普金斯（Tom Hopkins）是當今世界第一的推銷訓練大師，他是全世界單年內銷售房屋最多的業務員，平均每天賣出一棟房子的成績，直到如今仍然是金氏世界紀錄，未曾被打破。全球接受過其訓練的學生，更是超過了 500 萬人！

可是，剛進入推銷界時的霍普金斯，卻是那麼落魄。付完房租的他，手頭只剩下一個月的飯錢。但此時，他卻毅然參加了一個推銷培訓班，學習各種推銷理論。據他所說，「我的所有收穫都源於那次學到的東西，後來，我又潛心學習，鑽研心理學、公關學、市場學等理論，結合現代觀念推銷技巧，終於大獲成功」。

在短短的三年內，霍普金斯就依靠房地產推銷賺到了三千多萬美元！從此之後，不僅是房地產，可口可樂、迪士尼、寶僑等眾多世界知名企業，都邀請他去做推銷企劃。當人們問及他的祕訣時，他只有一個回答，「每當我遇到挫折的時候，我只有一個信念，那就是立刻行動，堅持到底。成功者絕不放棄，放棄者絕不會成功！」

　　「工欲善其事，必先利其器」，提高工作效率確實有很多技巧和方法。一個好的方法能讓努力事半功倍，讓你走得比別人更快。但在這些技巧當中，最重要的方法就是高效能的執行力。

如何以最低成本做出最具價值決策

領導者的一項重要職責就是做決策，而這也是最讓領導者頭疼的問題。因為領導者的每一項決策，都會對組織發展造成直接影響。在 16 倍法則下，好的決策所帶來的收益，可能是一般決策的 16 倍。

然而，一旦決策失誤，也可能對組織造成重大損傷。這也使得很多領導者對決策感到緊張，他們總是希望能夠做出最具價值的決策，但在這樣的決策過程中，往往也會因為耗費大量時間，而錯失機遇，也可能會投入大量成本，而得不償失。

一個企業家在他自己的一本書中，回憶過這樣一件事：他剛學開車時，很緊張，手裡出汗，方向盤上都潮濕了。但等開車技術進步之後，人也就放鬆了。由此，他悟出一個道理：做企業家也是同樣的道理，放鬆應該是最基本的，不要總是緊鎖眉頭，莫名緊張。也不要總是太把賺錢當回事。否則，成功就會離企業越來越遠。

在進行決策之前，領導者首先要保持放鬆的心態。只有如此，你才能更加理性、客觀的看待問題，從而以最低成本做出最具價值的決策。

第一，關注機會成本。

機會成本，是指為得到某種東西而放棄另外一些東西的最大價值。最簡單的例子就是，如果只有一塊農場，你選擇了養雞，就不能養豬，此時，如果豬價大漲，那你就錯失了這次機會，也損失了相應的成本。

領導者在做任何決策時，就意味著對其他選項的放棄。因為組織資源是有限的，你不可能選擇所有選項，而這些放棄的選項就構成了機會成

本。因此，在真正做決策時，必須關注機會成本，你才能對決策品質進行更好的思考和判斷。

第二，理性看待沉沒成本。

沉沒成本是指由於過去的決策已經發生了的，而不能由現在或將來的任何決策改變的成本。簡單說就是已經發生不可收回的支出，如時間、金錢、精力等。

在經濟界，沉沒成本是最棘手的難題。如果你已經為了當下的決策投入了大量的時間和資源，但該決策已被證實失誤，你是否會因為已投入的資源，而繼續投入，希望奇蹟發生呢？

沉沒成本是一種歷史成本，對當前決策而言也是一種不可控的成本。但正是這一因素，往往會在很大程度上影響領導者的決策。因此，在做決策時，領導者最好理性看待沉沒成本，甚至要有意排除沉沒成本的干擾。

第三，選擇第三條出路。

領導者的決策通常是在有限的方案中選擇較好的方案，而非選擇解決問題的最佳方案。因此，決策時應當跳出問題，主動積極的創造其他更好的選擇方案，而非讓自己的思路受限。

領導者在對不同的選項進行對比判斷時，可以將其換算成價值，從而進行投入與收益的比較，最終做出最具價值的決策。

第六章

領導者的制度管理與人情管理

規則是用來遵守的，領導者也不例外

　　無規矩不成方圓，在企業內更是如此。但規矩究竟應該怎樣制訂、如何執行才能順應民意呢？規矩和管理之間如何協調才能讓領導者高枕無憂呢？

　　一方面，身為企業的最高負責人，老闆無一不希望下屬和員工具有明確的規則意識。因為只有當組織成員始終處於規則的引導和提醒下，他們才會更加密切的合作、更加努力的發揮其價值。但另一方面，在企業中，破壞規則的往往不是普通員工，而是老闆自己。為了保證權威，抑或為了更「方便」的領導，他們常常選擇打破原有的平衡，賦予自己所謂的特權，推翻原有的規則。

　　在中小企業的普通員工群體中，破壞規則的行為絕不在少數。但需要注意的是，員工絕對值大，可以一定程度上掩飾這些行為造成的負面影響，減輕個人違規帶來的破壞程度。一名員工犯錯，可以有其他員工來加以彌補。更何況，員工違反規則，很容易被上級所懲罰，這種壓力將提醒他們儘量避免犯錯，但企業的最高領導者只有一位，誰又能懲罰到老闆呢？

　　老闆的言語和行動的涵蓋範圍關係到企業全局，因此，老闆違反規則，無論是影響力還是破壞性，都遠遠超過員工。

　　企業最高領導者不僅要會制定遊戲規則，還要能夠親身示範遵守遊戲規則，更要懂得如何維護規則。只有時刻帶著規則的意識去領導，才能做到孔子所說的「從心而不踰矩」。

美國 IBM 公司前總裁托馬斯‧華生（Thomas Watson），某一天帶領客戶去參觀公司的研究室。走到研究室門口時，守衛伸手攔住了他：「對不起先生，恐怕您不能進去，識別牌不對。」

原來，美國 IBM 公司規定，無論任何人進入研究室，都必須要佩戴上淺藍色的識別牌。而如果是進入行政大樓，則可以佩戴粉紅色識別牌。恰好今天會議日程緊急，華生和他的隨行員工們未能及時更換，佩戴的都是粉紅色識別牌，不能進去。面對守衛這樣的要求，華生身邊的董事長助理表現出些許不耐煩，他告訴守衛說面前的人是整個 IBM 的總裁。然而，守衛依然堅持說自己的職位職責中並沒有總裁就能例外這樣的條款，必須按照規矩辦事。

托馬斯‧華生隨後的表現足以讓許多企業領導者汗顏，他承認自己疏忽，並要求所有人等待淺藍色識別牌送來，並統一更換。

從表面上看，規則是企業的領導者制定的。但事實上，規則源自於企業組織運行的需求，是一種客觀存在的現實。領導者必須重視這種現實，如果他們自己都不尊重，又如何要求組織其他成員去尊重呢？

在企業裡，一個不尊重規則的員工會被認為是缺乏職業素養的人。同樣，一個欠缺規則意識的領導者，也絕不會得到員工發自內心的擁護。更為現實的是，越是在中小企業裡，領導者的言行擴散速度越快，他們只要對規則稍有輕視或違背，其態度就會立刻展現在員工眼中，並迅速傳播開，成為員工暗中效仿的黑洞。因此，中小企業的領導者本身如何看待規則，決定了整個企業組織的運行是否會遵循科學原則，也決定了員工將怎樣看待領導者。

按照規則行事，不僅意味著領導者要全身心的投入到自己的工作之中，還要求領導者必須在各方面能夠為員工做出積極表率。當領導者有著

良好表現時，他的個人品格才會得到員工們的擁護和愛戴。相反，如果領導者經常破壞規則，員工就會對這樣的行為進行效仿，用最通俗的話來說：「州官可以放火，百姓就可以點燈。」

當領導者感覺員工不再聽從指揮，或者不再團結成為整體時，應該多從規則意識方面尋找問題。很多情況下，規則意識的欠缺，是他們權威消失的最重要原因。

想要從根本上避免規則意識的欠缺，領導者應該從自身思想和行動的改變入手。

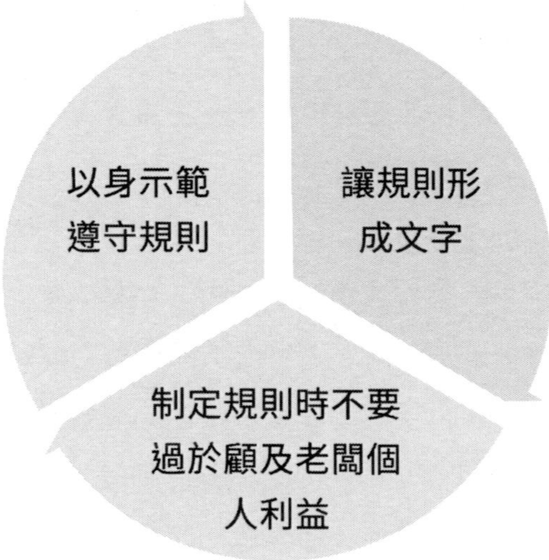

圖 6-1 制定規則的注意事項

第一，以身示範、遵守規則。

在企業日常運行中，許多員工都在內心描繪了一個優秀領導者的形象，並希望看到組織的領導者能夠如此表現。只有這樣，他們才感到身處的企業有希望，並願意為之付出。正如領導力學者們經常強調的那樣，領導者必須先要管理好自己，否則他們無法領導其他任何人。

第二，讓規則形成文字。

在企業內部，千萬不要依靠所有人的心領神會來形成和推廣規則。這種看似有效實則不成文的規則，只會帶來更多的長期不確定性。即使整個企業中那些已經被普遍接受的不成文規則，當新的成員進入時，由於理解上的差異，也有可能會被大量誤讀。同時，不成文的規則還容易創造出「權力空間」，當領導者破壞時，即可以第一時間採用對自己有利的解釋來加以開脫。

為此，領導者必須要透過文字來強調規則，讓員工真正理解其中的含義，也讓自己清楚規則存在的意義。因為透過文字形成的規則，能夠公布於眾，就可以產生提醒和約束領導者行動的作用。

第三，制定規則時不要過於顧及老闆個人利益。

身為領導者，也難免會在工作中出錯。如果領導者想要獲得下屬的認同和追隨，就絕不能提前去設想個人利益。

領導者在制定規則時，不妨適當壓縮空間，對自己提出更多要求，一旦自己犯錯就要公開對自己進行處罰。這不僅會樹立權威感，也會增加員工發自內心深處的敬意。

制度的力量：順應規矩、籠絡人心

　　企業發展規模越大，其員工數量也就越多。在這些形形色色的人之間，必然存在著利益衝突。處理這些衝突最有效的辦法，不是領導者個人的意氣用事，而是結合團隊具體情況所推出的被員工所認可的制度。

　　制度的力量，是構成領導力的重要因素。有了到位的制度，團隊成員對於組織的現狀和未來，就會有清晰的認識。如果他們都能按照制度來進行工作，即使領導者個人能力仍待完善，員工們也能有條不紊的主動提升工作的效率。

　　在中國歷史上，晉商是企業組織建設影響最久遠的地域商業集團。晉商之所以能夠繁榮昌盛幾百年，幾乎控制整個中國的金融命脈，其很大程度上在於人才充足、領導得力。

　　但晉商如何做到這一點的呢？答案在於其制度。

　　晉商的制度建設，源自於其多年秉承的「規矩」和持之以恆的領導。當兩者完美結合之後，形成了全面的企業運行法則，其中包括企業治理制度、內部營運制度和人力資源管理制度等。最核心的制度則是股份制、內部控制制度、激勵制度、用人機制和約束機制。正是有了這些制度，讓晉商組織中的成員無論其職務高低、入職年分、貢獻大小，都被企業家有效的結合在一起。

　　例如，在晉商的股份制度中，企業股份分為銀股和身股兩部分。其中銀股是企業大股東資金，並為此承擔無限責任，能夠繼承；身股則是晉商的獨特創造，即給予那些並不出資的優秀員工的股份，員工能憑藉這樣的股份制度享受分紅。

一位普通的年輕人進入票號，從學徒做起，到工作滿十年之後，只要勤勞誠懇沒有重大過失，就可以開始享受身股。身股提升，年輕人也可能被提拔成為三掌櫃、二掌櫃，成為企業的高階主管。反之，如果發生重大過失，員工就會被酌情扣除身股，直到開除。但只要年輕人能夠一輩子辛苦奉獻，到去世之後，其家人還能夠領取三個帳期的紅利即「故身股」。

晉商的股份制度，讓領導者對員工的物質獎懲形成了制度，而並非隨性做出。晉商中任何企業，哪怕富可敵國，其領導者也需要遵從「規矩」行事。也正因此，晉商字號的員工都非常珍惜獲得身股的可能，他們之中的絕大多數都會盡心竭力工作，以回報這樣的制度。

除了股份制度之外，晉商企業的管理制度也非常嚴謹，大部分晉商企業實行總分支機構制度，總號在山西本地，分支機構則遍布全國。大股東透過掌櫃，對分號實行集中管理、統一核算、統一資金調度，其中包括每年的考核、報告等固定工作。這些工作都已經形成制度化，即為所有人所接受和尊重。例如報告制度分為書面報告和口頭報告兩種，前者有正報、附報、行市、敘事報和年終報告五種，口頭報告包括分號每日晚上面報主管、每年兩次大掌櫃巡視時分號掌櫃的面報、班期回總號面報等。

除此之外，晉商的制度約束範圍還深入到員工生活上。包括員工每天中午吃飯有幾個菜、有多少肉、有多少酒，每半個月的菜都不會重複等，都有一套明確的規矩。這些規矩維護了員工的切身利益，保證了他們的物質待遇。而這樣的員工才會將領導者看做自己可以信賴的領頭人。

晉商在數百年前就形成了制度保障下的領導力，在現代，更需要企業老闆有制度精神。透過在企業積極推動制度建設，領導者能夠獲得解決問題的有效依據，而不只是滿足逐一用個人權力解決問題。

透過打造制度、形成規矩，企業將會針對某一類型的問題，形成有效

解決辦法、流程和相關規定。當企業在運轉時再次碰到這些問題時，就具備了快速解決的依據，並保持企業組織行為的連續和一致。這樣，員工才會對企業有充分的信心，對企業領導者有發自內心的尊重。如果沒有科學有效的制度，憑藉領導者個人意願來評價成效和解決問題，不但會效率低下，還會產生波動性風險。員工也會就此失去對組織和領導者的信任，逐步轉化為不滿或恨意。

正因為制度具備承載領導力、傳承規矩和籠絡人心的重要意義，領導者才需要在強化權威的同時，不斷對制度進行最佳化和完善。尤其當制度開始執行之後，其執行的方式方法更會決定制度最終的效果。

常見的能夠提高制度執行力度的因素包括下面幾點：

第一，不斷完善制度合理性。

領導者想要在員工眼中更加值得信任，就要讓自己開創的制度更加合理。首先，他需要儘量讓企業的核心價值觀和經營管理理念在制度中表現出來；其次，隨著企業發展階段不同，領導者需要及時進行調整，將制度簡單化，讓制度在防範風險的同時也能提升效率。

第二，讓制度不斷完備。

面對整個組織的領導和管理，中小企業老闆更要認識到制度之間的關聯性。各個職位、各個部門之間，由於各自的工作需求，會有不同的管理制度，但這些制度又必須形成合力。例如，企業的研發管理工作，不能只有相應的激勵管理制度，還要從源頭上設立關於建立工作項目的論證、審核制度。當制度能夠相互搭配、相互作用，整個企業的領導系統才會更加完善。

第三，圍繞制度的執行積極溝通。

公司之所以需要制度，代表著的是從上而下所提出的要求。在具體執行制度的過程中，領導者需要向不同層級員工進行貫徹，包括制度制定的原則、目的和要求，以確保化解員工可能出現的質疑，達到預期效果。

第四，做好監督、檢查、反饋工作。

制度能夠獲得很好的執行，其重要的保障還在於監督、檢查和反饋工作。領導者需要及時去了解企業基層對制度執行的好壞，並能夠根據制度執行過程中出現的問題，進行及時的調整、修訂和完善。尤其重要的是，領導者需要在企業中建立相關的反饋機制與通道，並能夠對制度執行情況加以全面收集，從而及時對制度進行補充、完善和更新。

制度的建設和推進，是領導力提升的重要方式，也是企業實際管理的重要組成部分。只有努力從細節上加強對不同層面制度的提升，並投入精力、注重完善，才能以制度力量對員工更好的加以約束與籠絡。

影響的魔法：不因人情而破壞制度

　　領導力中的「領」，意味著引領整個企業組織運行的方向，既然是領，依靠的就是明確目標、嚴格紀律；「導」代表的則是理順矛盾、做出示範的管理工作行為，其出發點也是為了讓員工能夠用正確的工作方式來獲得成長、獲得業績。

　　無論是「領」還是「導」，都是企業老闆施展個人影響力的過程。沒有影響力，就沒有領導力。

　　然而，在注重傳統文化、講究人情來往的國家中，領導者發揮自身影響又常常會受到各種羈絆。制度推出雖然容易，但堅決執行卻並不容易，尤其是當制度的執行，關係到某個人、某個族群的切身利益，影響到其未來成長的結果時，領導者往往會難以狠下心來履行職責。同時，領導者內心也容易出現糾結，因為執行制度有時候幾乎等同於「得罪人」，容易為領導者甚至整個企業帶來「惡名」，或者讓企業徹底失去未來用人的可能……種種顧慮，讓領導者經常面對著兩難的選擇，究竟是顧及人情而鬆懈制度，還是選擇公正堅持按照制度辦事？

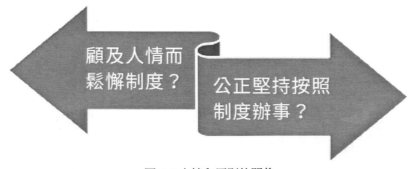

圖 6-2 人情和原則的關係

　　無疑，答案應該是後者。企業組織是社會的組成部分，社會越是進步和發展，法律制度就越是具備約束力。同樣，企業越是壯大，也越應該依靠制度來發揮領導者的影響力。然而，制度既是人制定出來的，也是人執行和落實的。領導者面對的往往是執行制度和照顧員工情緒的矛盾。面對企業中那些違反制度的現象，領導者在人情層面容易陷入泥沼舉棋不定，或者顧忌面子，或者怕得罪別人，又或者投鼠忌器，長此以往，最終結果必然會讓制度渙散，影響力降為冰點。需知，制度只有在確保會得到執行的時候，才能傳遞出領導者的權威，否則只會是廢紙一張。

　　在制度和人情面前，一個選擇了人情的領導者，或許會受到員工一時的喜愛，但這無助於提高其個人影響力。相反，只有傑出的領導者會自然而然擁有魔法般的影響力，此中原因，在於他們更多在用制度去改變組織，而不是用人情去拼湊團隊。

　　一位集團創始人白手起家，打造出了現代創業史上的傳奇案例。但他並沒有因此而忽視規則的重要性。在某一次節目上，他曾經向觀眾提出這樣的問題：「如果員工無意中損害了公司物品，按照規定須賠償10萬元，但他本人沒有賠償能力。你會怎麼辦？」

　　在聽完觀眾的回答後，他說：「即使員工無法賠償，身為老闆，我也會私下和他談，如果他真的是無意損壞的，錢我可以幫他進行墊付，但對外宣布依然是由他進行賠償。並且將知情的範圍局限於我和他之間。」

　　在這樣的案例中，領導者完全有資格、有權力去違背遊戲規則，隨心所欲的滿足個人虛榮心的需求。如果他選擇「赦免」員工，還能得到其個人的感激涕零，甚至一部分員工的交口稱讚。但不難想像，如果這樣選擇，就等於背叛了整個企業的運行秩序，放棄了規則選擇了人情，導致類似的事情不斷發生，而老闆對企業的掌控能力也就會被大大的削弱。

日本八佰伴集團，曾經在 1990 年代有著迅猛的發展。然而，隨著整體的擴張，領導者和田一夫已經難以完全按照規則去掌控整個企業。

當時，和田一夫直接管理的全球總部發展情況良好，而其弟弟卻在日本總部的經營中違反經營道德，為了表面上的業績好看而長期做假帳。其實，和田一夫並非完全沒有意識到，但他認為經營者是自己的弟弟，不可能做出不利於家族的事情，進而忽略了建立制度的重要性。最終，八佰伴公司的實際運行業績每況愈下，終於在 1997 年突然倒閉，令人扼腕嘆息。

八佰伴的倒閉說明，領導者僅僅建立和推行制度還遠遠不夠。當他們因為人情、面子或其他原因，放縱某些員工違背制度，也同樣會被整個企業所輕蔑，被市場規律所淘汰。

領導者一定要及時抓住機會，向企業成員不斷重申制度的重要性，並讓他們清楚自己的權威不可能被人情所取代。為了保證自身充分的影響力，需要做到以下幾點。

第一，進行明確和公平的獎懲。

企業領導者在決定獎懲之時，必須要提供出明確的標準和公平的舉措。對任何員工的獎懲，都和個人或集體情感無關，而只能和工作效率、態度、能力、遵守制度情況有關，不能礙於情面就取消懲罰，也不能因為個人喜好就盲目獎勵。對於那些工作的優秀者，必須要進行公開獎勵，在激勵他們做到更好的同時，能夠帶動其他員工加以學習；對於那些違反了制度的員工，就要透過處罰來抑制類似行為的重複發生。

第二，「火爐原則」。

領導者制定制度的目的，不是為了對企業組織加以懲罰，而是為了幫助組織發展。為此，領導者需要在保持對員工關心尊重的基礎上，行使

「火爐原則」。

　　首先，火爐的存在是可以被所有人看到的，每個人都能意識到火爐中的火。同樣，領導者不應該用私人推廣例如打招呼等方式來宣布制度，可以透過會議、正式座談、通告、郵件等方式，在組織中宣布制度的內容，讓所有人了解制度規定的要求和對應的獎懲措施。這樣，即使有人違反制度而受到處罰，也不會有太多情感上的衝擊。

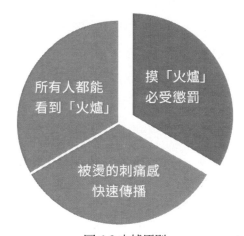

圖 6-3 火爐原則

　　其次，摸到火爐被燙是必然的。只要有人敢摸火爐，就會受到懲罰，這樣的結果是必然的，不會因為情感變化而有所變化。同樣，領導者必須堅持按照制度行事，就能夠在企業中產生這樣的威懾力效果，員工們會知道，如果沒有按照制度去執行，無論有怎樣的人情關係，都會受到相應懲罰。

　　最後，摸到火爐，被燙的刺痛感是迅速產生的，而並非半小時或更長時間之後才會出現。從心理學上來看，一個行為完成之後得到結果的時間越短，對完成者的刺激就會越大。領導者必須要做到無視情面，當斷則

斷，迅速讓違背制度者受到處罰感受痛苦，才能減少其以後出現錯誤的可能性。

第三，人情管理，制度保障。

提倡領導者立足於制度來對企業加以管理，並非完全不講人情。實際上，人情完全能夠成為制度之外的輔助措施。領導者可以用人情手法，對制度所未能涵蓋到的範圍加以處理。例如，某企業高階主管在業績上有所退步，按照企業制度規定，領導者必須對其獎金加以扣減，但下班之後，領導者依然可以利用人情關係，坐在一起好好溝通說明，商量出解決辦法，甚至可以喝上一杯。這樣，制度和人情都得到了充分利用，下屬心中的不快頓時消減。

合理的人情手法加上穩定的制度，能夠打造出企業內全面、立體的領導力體系。不過需要注意的是，無論何種感情手法，在領導過程中都只能是暫時性和偶爾性的。領導者必須防止任何一種人情關係被普遍運用在領導過程中，因為這樣的情感很容易取代制度，導致領導力的削弱和員工的不信任。

不公平，擊潰的不只是領導者的威信

做企業，理論上的工作內容是提供產品和服務，進而從社會的報酬中獲得利潤。但稍微深入接觸過實際業務的人都明白，在亞洲，做企業就等同於做人。做人出色，企業做成功的機會就大，企業遭遇困難的風險就多。許多事業有成的企業家，不僅管理有方，同時為人隨和踏實。相反，那些經營不善的企業老闆，往往或多或少具有著偏狹、刻板的思維特徵。

做人的差別，會直接表現到對企業的經營結果上。這一現象很大程度說明，領導者如何看待企業、看待員工是相當重要的。不會正確待人接物的老闆，即使努力工作也很難獲得員工的擁戴。其中最典型的問題，表現在管理時公平性的缺失。

春秋時期，晉平公問首輔祁黃羊說：「南陽的地方沒有掌管，誰適合去出任？」祁黃羊回答說：「解狐很適合。」晉平公不解問道：「他不是你的仇人嗎？」祁黃羊回答說：「您問的只是誰適合出任，並沒有問誰是我的仇人。」於是，解狐擔任了南陽地方官，朝野上下一片稱讚。過了一段時間，晉平公又問祁黃羊：「國家軍事統帥空缺，誰適宜來擔任？」祁黃羊回答說：「祁午適合。」平公又問道：「他不是你的兒子嗎？」祁黃羊回答說：「您問的是誰合適，並沒有問誰是我的兒子啊。」於是祁午被任命為軍隊統帥。這段故事後來被稱為「舉賢不避親，任能不避仇。」

試想，如果祁黃羊在舉薦南陽地方官時刻意不提起仇人，在舉薦軍隊統帥時又為了避嫌而忽視兒子，那麼整個政府組織運行的效率必然會受到損害。心懷不滿的組織成員也會平白增多。這一故事，恰恰展現了公平原則的重要性。

無論貧窮貴賤、生活境遇，絕大多數人的靈魂深處，永遠存在著一個至公無私的大同世界。在這樣的世界中，每個人都能獲得公平的待遇，不會遭遇委屈和不公。這樣的夢想遠從數千年前開始的封建時代開始，經過漫長歲月，雖有戰亂、革命和社會形態變更，依然未曾消散。在企業從組建到運行的過程中，公平性因素也同樣重要，一旦企業領導者表現出不公平的傾向，影響到的將不僅是物質利益的分配，而是會成為員工的心病。

「不患寡，而患不均」，企業中的不均，來自每個員工感受到自己所受待遇和所付出之間的不對等。具體來看，在今天的中小企業中，普通員工首先就會關注物質待遇，即物質利益的分配上。

從入職開始，員工就會觀察並思考自己能為企業付出了多少勞動，又能獲得多少物質報酬。他們會計算自己為企業工作的年限、做出的業績，以及付出的情感。隨後，他們還會計算自己拿到了何種等級的薪資、獎金、分紅。當這樣的內心考量結束之後，員工並不會停止，由於漫長傳統形成的人情文化，他們很自然會用自己的計算結果，去對比身邊其他人的計算結果。這些人包括他的同事、上下級，再到朋友、同學和親戚……經過如此複雜而模糊的計算，每個員工不但會關心收入的絕對值，還會關心這個數值和其他人收入之間的相互比較關係。在比較之後，如果他們承認其關係對等，就會認可領導者的公平性，並能以正確態度投入工作。反之，其內心就會產生怨氣，繼而不再積極工作。

此外，員工雖然會對自身工作的內容缺乏深入觀察，但他們卻會敏銳的觀察到組織內部存在的偏頗現象。一旦領導者在收入分配表現出突然的偏心，就會在他們眼中不斷放大，引起對外議論、傳播和牴觸，最終導致公司其他舉措陷入困局。

因此，領導者在收入分配上的公平性至關重要。企業領導者必須儘量

滿足員工想法中的大同追求，即使不可能做到收入分配絕對合理，也應該是相對公平，並足以服眾。

　　一個聰明的領導者會透過下面方法，為企業設置出公平的氛圍。

圖 6-4 設置公平的氛圍

第一，強化分配程序公平。

　　要讓企業的氛圍儘量公平合理，不僅要實行按勞分配，而且要防止員工在收入比較過程中產生不公之感。

　　程序公平的重點，在於如何看待利益分配的控制和解釋權。員工希望也能擁有這樣的權利，從而獲得應有的機會去掌控分配結果，並能獲得結果的解釋。領導者則應該圍繞這兩點，設計一系列機制，讓權利真正一定程度分配到每個基層員工手上，透過和他們的反饋與溝通，形成上下統一的分配體系，確保訊息傳達和溝通的準確性。

第二，讓「不公平」合理化。

　　在各種領導力、管理教材上，公平因素被一而再的提及。但在當下的大多數企業中，不可能做到完全公平。企業老闆面對的機會有限，資源更是有限，在追求效率的同時，不可能完全做到員工眼中的「公平」。一味盲目追求「公平」，必然會導致新的不公平感在組織內部瀰漫。

　　為此，企業領導者需要設計出合理的制度，讓「不公平」的事實看起

來合理化。例如，在公司內部設立不同等級的福利制度，數量上並不平均，但只要向員工清楚展示業績和福利的關聯關係，讓員工找到努力獲得高福利的途徑，他們就不會因為表面上的不公平而失去資訊。

對「不公平」的合理化表達，要根據企業的實際情況、員工的心理特徵等不同因素進行制定，凸顯其中科學性與合理性。因此即使企業家工作再忙，也應該在不同場合，隨時注意觀察員工的情緒，一旦發現他們對分配存在不滿心理，就應該透過積極措施，調整員工對投入和獲得的看法，達到及時重塑公正形象的目的。

第三，幫助員工建立合理的參照系。

絕大多數的不公平，來自於員工在錯誤參照和對比之後所形成的心理落差。企業領導者應該花費足夠的時間和精力，在企業內引導不同層次的員工，清楚了解自身貢獻為企業帶來的價值差異。完成這樣的工作之後，領導者還可以進行一定程度的待遇資訊公開，同時採取師徒組合、部門溝通等方式，讓員工找到正確的對象來加以比對，從而形成良好的心態來了解自己獲得的待遇。

保證領導力良性運轉的關鍵，在於領導者是否能為員工帶來公平公正的環境，能否將不利於公平的因素完全根除。公平的分配體系和科學的溝通機制，能夠從理念到制度上凸顯公平，都讓員工如沐春風，並願意為企業持久服務。

如何做到「親不溢美，疏不掩功」

每個領導者都肩負著促進員工積極性的職責。領導者的職責要求他們對員工的工作加以正確評價，客觀的評述員工為組織做出的貢獻，並以此進行獎懲。在此過程中，領導者必須要杜絕主觀印象的干擾，做到真正的「親不溢美，疏不掩功」。

A老闆是一家集團的創始人，當他奠定了企業發展的基礎之後，在眾多下屬內，相中了B作為自己的接班人。很快，B被提拔到公司高層，成為總經理，獲得更大的施展空間。但到了1996年，B遭遇了職業生涯中從未遇到的挫折。

在此之前，A老闆非常欣賞B的個性。他積極進取、勇於挑戰權威，某種程度上和年輕時候的A老闆很像。但當他成為公司高階主管之後，因為這種性格而面臨著危機。不僅是公司中的老人，包括部分年輕人也開始反對B。因為他的個性令許多人無法忍受，即使其看法正確，也經常由於鋒芒畢露而導致許多人心生不滿。一些人甚至直接找到A老闆，要求他能夠將B加以撤換。

面對這種情況，A老闆一度為難。他欣賞B，情感上也能夠理解這個年輕人，但他更清楚自己需要做出決定，讓這個年輕人改正錯誤、學會妥協。

在某個晚上，B按照通知，來到公司505會議室。等待片刻之後，A老闆帶著公司的幾位元老走進房間。還沒等B反應過來，面容嚴肅的A老闆開口就是一頓指責和批評。他說：「現在，你的事業部的工作雖然有了不少業績。但是，周圍的人認同的並不多。你在工作中，經常想怎麼做就

怎麼做，並不顧及周圍人的感受。你不要認為自己所得到的一切都是理所當然的，要知道這個舞臺是我們所有人頂著龐大壓力替你打造起來的。你應該和大家和衷共濟，逐步樹立你的威信，爭取更大舞臺和天地。而不是一股勁的往前衝，否則你毫不妥協，要我怎麼做？」

一頓批評之後，A老闆當場宣布兩個決定：

第一，B在一年內必須學會什麼叫妥協。

第二，B的一位重要下屬馬上調任到企劃部工作。

對這樣的批評，B覺得十分委屈，他只說了句「我們一番辛苦，沒想到⋯⋯」就失聲痛哭。過了一會，他才漸漸平靜，並表態同意。多年之後，回憶起這件事，在場的人還是說：「A老闆嚴厲起來真是嚇人，他那天雖沒拍桌子，但正是不怒自威。」

就這樣，A老闆終於以一次嚴厲的批評向B指出了其錯誤，促使其猛醒。

無論是不是家族企業，領導者對內對外的人脈關係，始終是企業背後重要的推動力量。農業社會重視的是家庭關係，習慣以家族為中心、以親疏遠近來確定人們的地位高低。這樣的血緣式觀念，早已滲透進入民族意識中，自然會影響到每個企業領導者。面對紛紜複雜的人事關係，企業領導者很容易產生出最本能的信賴感，即相信和自己私人關係較好的下屬，覺得他們總是發揮出更多的能力，創造出更好的業績。而那些與自己關係較為普通、情感比較疏遠的員工，其表現評價就總是傾向於被不斷弱化。

雖然大多數中小企業老闆都會或多或少產生上述領導習慣，但只有真正成熟的領導者才懂得掌握好分寸，如何去不分親疏、統一標準的評價員工。這是因為對員工的評價意義重大：從個體來看，對每個員工的評價，是展示和反饋其工作價值，進而預示其潛力和機會；在集體層面上，可以

保證組織內部的管理體系始終公平運轉，實現充分的獎優罰劣作用。因此，領導者不能忽視評價員工的公平原則。

第一，評價員工不要帶有色眼鏡。

由於個人性格、工作習慣等方面的原因，很多領導者會不由自主的按照第一印象，對下屬進行「評分」：哪些人和自己投緣、哪些人更服從自己、哪些人看上去就不大聽話、哪些人喜歡提意見和看法……但不要忘記，進行這樣的親疏劃分，領導者實際上也將組織中不少員工排除到了可以重用的人才群體之外，從一開始就認定了這些員工無法為組織貢獻全部力量。

為了客觀公正評價員工，領導者應該追求「中」的法則。

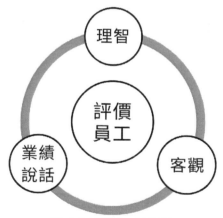

圖 6-5 評價員工的法則

「中」，意味著無論你的情感上有怎樣的傾向性，但在理智上，始終要把自己的內心放置於「中」的位置。所謂「中」，就是不偏不倚，不帶主觀色彩，單純的將自己看做只負責評價能力和業績的考官，而不是為了謀求利益。堅守這樣的角色本分之後，當領導者再去看待員工時，就不會因為親疏遠近而有所干擾了。

第二，廣泛徵求意見。

對於那些既有充分能力、又受到領導者喜愛的員工，在獎勵或提拔的過程中，領導者應該充分謹慎。這種謹慎並不意味著刻意放慢培養速度，而是需要你經常徵求其他人對他的看法：從你身邊共同管理企業的主管成員，到和該員工共同工作的同事和下屬，都應該有機會對他提出各自的看法。

之所以需要這樣，是由於領導者的特殊身分所決定的。

企業的最高決策者，往往手握大權，一舉一動都會被有效放大。他們在管理進程中無意識流露出的某種欣賞態度，很容易形成「親者溢美」的表現。在服從文化下浸染出的下屬們看來，這自然是跟隨領導者表態的最佳機會。結果，整個企業從上到下，都會力主支持對那些老闆眼中「紅人」的獎勵或提拔。

這樣，領導者的雙眼被矇蔽了，在此種狀態下做出的人事決定，反而有可能出現不利影響。因此，在提拔優秀員工之前，領導者可以刻意低調，不發表對員工的看法，而是讓其他人來對他加以評價。一旦這些評價中出現真誠的批評意見，領導者就要加以分析，看看是否真的存在空間，促進那些優秀員工可以加強或反省。這對於員工個人和企業集體，都有充分的裨益。

第三，拉近原本疏遠的關係。

領導者有欣賞的員工，就會有疏遠的員工，這並不奇怪。但領導者需要拉近那些疏遠的關係。

人和人之間的疏遠有多方面原因，其中很多關係看似簡單實則複雜，包括現實層面中缺少關聯，也源於精神追求上的不一致、共同語言的缺

乏、性格上的反差等。此外，有著典型的「鄉黨」、「圈子」文化的影響。

但在絕大多數中小企業老闆的領導範圍內，員工數量不可能多到難以拉近的程度。關鍵還要看老闆是否想拉近上下級的關係。誠然，企業老闆可以在情感上設立不同圈子，例如將員工分為「最重要的」、「普通的」、「疏遠的」，但你更需要設法讓那些處於外層圈子的員工，進入內層圈子，從「疏遠」走向「普通」，從「普通」走向「最重要」。這樣，才符合以和為貴、和衷共濟的文化理念，同時也是企業領導者自我能力提升的關鍵過程。

為此，領導者不妨學著去欣賞那些和自己接觸較少、表現似乎也不足以打動情感的下屬。可以從細節上發現他們的過人之處，並隨時提出表揚。即使這些細節只不過是他們和自身相比的進步，領導者也可以及時誇讚。表現出這樣的態度，下屬會獲得激勵，與領導者之間的情感也會進一步拉近，有利於企業整體的進步。

給有能力者多吃「一碗飯」的機會

古人云，重賞之下，必有勇夫。這句話看似膚淺，但卻抓住了人性中最為本質的追求：員工是不是願意充分施展能力，與制度能帶給他的直接利益多少有直接關係。

近年來，隨著媒體資訊的發達，對歷史事實的回憶和反思也逐漸開始萌發。人們越來越清晰的看到，即使在舊社會，大多數地主對待那些可以自由選擇雇主的長工，也必須秉承「吃碗飯，賣力氣」的原則。

民國時期，長工大都是在每年的二月初一到地主家上工。當天的慣例是地主家炒四個菜，燙一壺酒，即使是窮地主家，也要炒四個蔬菜和用當地白乾酒來表示歡迎。到了二月十五，還是同樣的規矩。之後每個月的初一、十五也都如此。

下田工作期間，每天天一亮，長工不吃飯就會下田做事。尤其是夏天，四點半時，就會開始工作。到上午八、九點鐘，東家會挑著飯、碗筷和水罐子，到田地裡送飯。一般情況下，每位長工要吃一碗手擀麵，而那時候北方的白麵已經是很好的食物。如果吃不飽，還可以加小米乾飯，鹹菜，這頓飯叫做頭歇飯。

到了上午十一點半左右，吃晌午飯，之後長工們可以到樹蔭睡覺，睡到下午兩點左右，起來繼續做事。如果有人餓了，還可以再隨時吃飯，地主會用柳條編造的大斗殼，將小米乾飯放到田裡隨時方便長工吃。

到了夏天結束時，長工們上午耕作，中午就回家吃飯。一般的東家都要給長工吃糕，即北方用高粱米磨細後蒸熟的黃糕。因為鋤地費勁，這樣的食物吃下去才耐餓。一直工作到秋季，大約十一月二十九或三十那天晚

上，東家會替長工算帳，除了長工頭之外，每人的工錢是三石六斗的小米，折合今天為 1,000 公斤左右。最後再吃一次酒，以便拉攏好關係，明年繼續僱傭。

在漫長的歲月中，除了戰亂、饑荒之外，絕大多數地主和長工之間的經濟關係就是如此平衡而協調。地主需要長工賣力氣做事提高耕作效率，而長工需要的是拿到足以保證一家老小生活無憂的收入。除此之外，長工還需要有確保自己能維持體力和健康的生活水準。這樣的合作關係，決定了地主必須給長工吃好的，甚至在農忙時節，還要比家中女眷吃得更好。

今天的企業中，勞動形式早已不是簡單的下田工作，浸潤在員工精神中的需求，卻依然和歷史影像相差無幾。經濟發展、社會進步，謀求個人和家庭生活條件的不斷改善，始終是職場上絕大多數人的相同需求。員工獲取薪資的多少，無疑始終是領導力實現的重要保障。老闆想要有效引導和控制員工，就必須為那些有能力的員工給出高薪。

當那些能力較高的員工進入企業、付出辛勞並有所成就之後，他們期待著能夠獲得足夠報酬。這些報酬不僅要讓他們能夠感到安全，還要滿足他們個人價值感，帶給他們情緒上的安慰，形成更強的工作動力。當企業有了這樣的激勵機制之後，那些工作業績不足的員工，為了獲得更好的生活條件，也會努力謀求加薪，從而體會到別人已經感受到的喜悅。

因此，聰明的領導者不會設法壓低員工的收入，相反，他反而會用看得見、摸得著的物質刺激，來激勵員工努力工作。那種希望從下屬的「口糧」裡面「摳」出成本，或者奉行平均主義、愛做不做的企業，只能充當整個行業的培訓學校，難以留住真正的人才。

那麼，企業如何確保高能力員工能夠在薪酬上獲得盡可能的滿足呢？

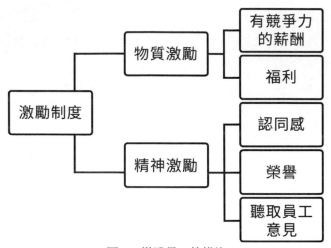

圖 6-6 激勵員工的措施

第一，讓員工獲得更有競爭力的薪酬、福利。

　　對於那些在地域內或產業中已經獲得相當地位的企業來說，尤其需要支付有競爭力的薪資給優秀員工。相對其他企業更高的報酬、福利，能夠帶給員工更好的滿意度，否則就只能帶來更高的離職率。

　　企業領導者可以設計有效的觀察和評估機制，每年對整個產業或地域的同產業企業薪資結構進行分析比較。尤其需要注意提供給菁英員工的「頂級薪酬」，因為這個層次的薪酬數量，往往是最容易引起員工關心的。如果需要調整，就應該當機立斷，迅速執行到位。

　　擁有結構合理、積極調整的績效薪酬、福利制度，優秀的員工才能被更好的留住，而表現較差的員工也將沒有在企業繼續待下去的空間和勇氣，這樣，人才團隊就會不斷良性循環，形成充分最佳化。

第二，注重精神報酬。

報酬可以劃分為兩種：物質部分和精神部分。物質報酬主要包括企業組織向優秀員工提供的金錢、津貼、期權和晉升機會等，而精神部分則概指整個組織向員工所給出的認同感。領導者除了用物質去吸引高能力員工之外，還要賦予這些員工有足夠的勝利感、成就感、受重視程度、影響力、個人價值展現等精神收穫。

第三，聽取員工對薪酬制度的意見。

無數企業的領導者實踐證明，如果員工不能參與對薪酬制度的設計和管理，高能力員工往往難以有持續的滿意。如果領導者在制定薪酬制度時，能夠更多聽取和考慮員工的意見，無疑可以有助於建立適合員工需求的工作氛圍。

在進行薪酬制度設計的過程中，可以和員工圍繞報酬的政策進行討論。透過詢問問題或者填寫調查表，可以了解到員工究竟關心的是什麼，並有目的、有針對性的加以改變。這樣，領導者和員工之間的相互信任機制就此誕生，已有的薪資系統也能經過改進，而讓那些有才能的員工更加滿意。

把榮譽還給下屬

　　聰明的領導者，擅長用榮譽來激勵員工。和物質激勵不同，榮譽可以讓員工有更多「獨一無二」的心理感受，他們會確信自身和企業不僅僅是利益關係，更有著精神上的相互需要。當員工從領導者的手中接過他們意想不到的榮譽，其效果絲毫不亞於從企業的年底分紅中拿到一輛好車、一筆房屋的頭期款。

　　之所以要用員工想像不到的榮譽去激勵他們，是因為大多數人內心都渴求獲得光宗耀祖的機會。員工中的許多人，其背景來自四面八方，即使是來自大城市，也大都是普通家庭出身。就算員工的家境寬裕，但一般而言並沒有享受過政治和社會意義的榮譽，缺少傳揚名聲的體驗。

　　正因如此，無論是員工自己還是其身邊的家人，都會對企業的分配和獎勵機制有所期待。他們想要在獲得物質滿足的同時，得到未曾獲得過的承認感、自豪感，能夠與個人榮譽緊密相連在一起。

　　因此，對於那些做出一定貢獻的高能力、高業績員工，或者某方面工作表現與眾不同的員工，領導者應該積極給予榮譽。

　　晚清重臣曾國藩，有著超強的個人領導力。他以一名賦閒文官的身分，幾乎是白手起家，建立了數萬湘軍團隊，並從太平天國手中奪回了武昌、岳州和漢陽等重要城市。

　　為了能夠彰顯湘軍的功績，曾國藩特意向朝廷上書，為下屬提出犒賞的請求。朝廷很快就同意了。但曾國藩覺得，只有金錢獎勵還是不夠的，他再三思考之後，打算舉行一次隆重的儀式，讓部下中那些最勇敢的士兵

擁有與眾不同的榮譽，這樣，他們就會在作戰時更加勇敢，而其他將士也會紛紛效仿。

曾國藩決定，以個人的名義向有功將士贈送一把腰刀。這不僅是讚揚他們的勇敢表現，還充分表現了自己對其看重，能夠讓獲得榮譽的人心懷感念，始終為之驕傲。於是他要工匠日夜趕工，鍛造了五十把精美腰刀。等腰刀鑄好之後，他下令召集有功將士，在校場聽候命令。

士兵們等了許久，曾國藩終於從廳堂裡走出來。他全身上下穿著隆重的朝服，和平時樸素簡單的形象全然不同。正當將士們摸不著頭腦時，曾國藩說：「諸位將士辛苦了，近日，皇上聽說你們的英勇事蹟，封賞了大家。今天，本帥召集大會，是想要表達本帥的區區謝意，為有功之士送上一件禮物。」

說完，曾國藩示意手下將腰刀抬了上來。木箱打開後，他拿起一把，抽出腰刀，向將士們展示。人們看到刀面正中刻上了「殄滅醜類，盡忠王事」八個大字，旁邊則用小字鐫刻著「滌生（曾國藩字滌生）贈」。等人們看清楚之後，曾國藩親自一個個報出將士的名字，然後雙手將腰刀送給他們。

那些被叫到名字的將士，激動得說不出話來，他們拿到腰刀後，愛不釋手的翻來看去，面帶喜悅之色。而那些沒有得到腰刀的人，嘖嘖讚嘆之餘又流露出嫉妒的表情……

透過這次打破常規的授刀儀式，曾國藩真正收服了湘軍全體上下的人心，最終獲得了戰爭的勝利。

縱觀歷史長河，領導者授予下屬意想不到的榮譽，經常會發揮很好的效果。之所以需要這樣做，是為了讓下屬在驚喜的衝擊體驗下，獲得足夠的精神報酬，讓他們由於工作而得到炫耀的資本，在獲得這種心理上認可資本之後，他們就更加不願意失去，企業也達到長期激勵員工努力的目的。

在向員工授予特殊榮譽的同時，領導者需要注意哪些事項呢？

第一，個人榮譽和集體榮譽的結合。

雖然領導者需要給員工意想不到的榮譽，但這種榮譽從外表到實質，都不應該只屬於其個人。相反，只有將之和集體主義進行充分結合，員工才會更加意識到這種榮譽的珍貴，會更加努力的用實際行動來努力珍惜。

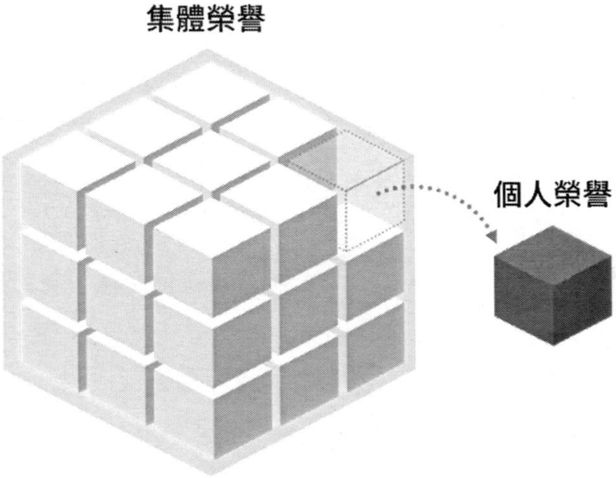

集體榮譽

個人榮譽

圖 6-7 個人榮譽和集體榮譽的關係

領導者要在企業組織中積極設立和授予集體榮譽，培養部門內部的整體意識。讓員工能為在如此優秀的組織和團隊中工作而感到滿足和光榮，這樣，他們會從內心生成自覺爭取和維護集體榮譽的動力。

此外，領導者在授予榮譽的時候，要注意擴大表揚範圍，從優秀員工的個體向其所在的團隊進行推及，讓員工能夠感受到個人和集體榮譽之間的分享關係；要經常利用多種形式的榮譽授予機制，讓員工形成「我們是最棒的」意識；還可以推展部門之間的比賽、挑戰等，激發競爭榮譽的意識。這樣，員工個人和集體都獲得了榮譽感，也都能產生更大的努力積極性。

第二，領導者個人不應「貪功」。

當一個人獲得榮譽之時，代表著其個人貢獻得到外界的承認，自然會充分產生愉悅體驗。企業老闆對於榮譽的渴求也從不例外。然而，當你致力於提高對組織領導力的時候，個人就必須放棄對榮譽的過多追逐，而是要選擇將可以分享的榮譽分享出去。

無論企業規模大小、老闆境界如何，創辦和領導企業的人，都不可能沒有功利和事業心。但越是這樣，他們必須越是要懂得謙和之道，懂得如何在野心和分享之間，獲取充分的內心平衡。

第三，採取多種形式的榮譽激勵方式。

大多數企業只懂得採用普通的榮譽激勵方式，因此很難談得上讓員工「出其不意」得到內心衝擊。領導者應該猶如遊樂園的老闆那樣，設計出多樣化的榮譽激勵方式，想方設法讓員工「樂而忘返」。

在 IBM 公司的「百分百俱樂部」中，公司員工一旦完成工作業績任務，他和家人都會被邀請到俱樂部的聚會中；玫琳凱公司在表彰員工時，會特地租借體育場進行，讓銷售業績最好的員工與時尚明星一起乘坐車輛進入會場，並鼓動全場員工共同呼喊銷售狀元的名字……無論採取怎樣的榮譽激勵方式，都應該做到「張揚」、「大氣」、「持久」，對於越來越年輕化、網路化生存的中小企業新生代員工來說，這一點尤為重要。

獎懲也要規矩，不能順心而為

　　領導者的魅力除了來自其個人，還來自於其為員工推出的榜樣。眾所周知，樹立榜樣最簡單和直接的方法就是獎懲。領導者需要獎勵那些領先的員工，懲罰那些違背制度的員工，從而刺激員工積極性，淘汰平庸者。由此，員工自然就會知道應該保持怎樣的工作狀態。

　　先秦韓非子曾經留下過這樣的論述：「明主之所導制其臣者，二柄而已矣。二柄者，刑、德也。何謂刑、德？曰：殺戮之謂刑，慶賞之謂德。」也就是說，明智的領導者用來引導制約其下屬的工具，只有兩種，分別就是獎勵和懲罰。

　　韓非子是中國古代法家思想的著名代表人物。雖然從漢代開始，儒家成為了中國社會的主流思想，但在政府和社會治理方式思想上，依然秉承著「外儒內法」的形態。可以說，幾千年來中國封建社會不斷走向超穩定的結構，直到西方資本主義興起之後才被打破，和韓非子領導力學說的直接應用，有密切關係。直到今天，現代中國企業的管理也依然需要積極吸收其思想。

　　獎懲之所以如此重要，是因為其能夠表現出最直接最有效的價值取向。但獎懲超過必要的限度，就會產生相反的作用——超過員工業績的獎賞，會讓下屬的期望值不恰當的上升，導致迷失工作目標；超過必要程度的懲罰，也無法讓員工準確的意識到錯誤，反而會引起他們的憤恨。這種並不適當的獎懲，最終損害的都是整個組織的團結。

　　奇異公司是全球最傑出、歷史最悠久的企業之一，該公司領導者掌控

企業的威信來自於適當的獎勵方式。他們採用績效監控的方式，在每年的年度考核中，管理層會主要針對本年度業績優秀並能夠成為榜樣的員工，進行二次考核。其中包括三大經典問題，以便判斷員工是否真的優秀和有自信：你的優勢？你的成就？你有哪些需要改進的地方？

員工如果能夠令人滿意的回答這些問題，就能得到高層領導者的讚許。奇異公司會對他們加以毫不吝嗇的獎勵，其中包括增加薪酬、分配股票和期權等。此外，讓這些優秀員工最看重的獎勵，是去克勞頓管理學院進修，有這樣的經歷，就意味未來可以在公司擔任更加重要的職責。眾所周知，克勞頓管理學院是美國企業界的哈佛，其培訓主要針對管理者中的優秀分子所進行的，能夠獲得如此獎勵，讓每個優秀員工都夢寐以求。他們想要通往該校的道路也只有一條，那就是成為目前企業最優秀的人，從而敲開管理學院大門。

同樣，有獎勵就要有懲罰。針對企業內部的落後者，必須要採用有效的刺激方式加以懲戒，為他們製造出危機感。當員工有了危機感之後，他們就會對手中的工作形成更加集中的注意力，並爆發出自己原本都沒有感知到的潛力。

想要讓獎懲適當，領導者絕不能僅僅依靠自己的感覺「靈機一動」，他們需要的是如下的視角去看待獎懲。

第一，獎懲之道必須符合企業發展現狀。

在企業創業初期、發展中期和成熟期，所需要的員工榜樣是各自不同的。因此，領導者必須要先重點確定好企業需要怎樣類型的員工，然後加以獎懲，從而指引全體成員向類似員工學習。

通常來說，在創業初期，企業需要的是能夠短期內提升銷量的員工。

此時，企業領導者應該側重用銷售業績去進行考核評價，並從中挑選出符合條件者加以獎勵。而到企業成熟期，更多需要的是協調能力強同時又具有創新遠見意識的員工，因此，獎勵的重點也應該隨之改變。

總之，獎勵和懲罰政策，應該猶如企業發展方向的路標。讓員工看懂這樣的路標，並樂於遵從其指導，獎懲才會充分見效，領導者對員工的了解和信任也能隨之表現，讓員工眼中的領導者具有更高的人格魅力。

第二，懲罰員工之後也需要反思。

懲罰措施是企業中不可或缺的，但需要記住的是，懲罰措施在不使用的時候往往最有效。一旦使用了懲罰措施之後，領導者也不該忘記毫無反思的義務責任。

在某核電廠曾經發生過這樣的事情：

一位清潔工在打掃機器時不小心觸動開關，啟動了核子反應爐指令，造成了難以挽回和計算的停電損失。事後，核電廠按照規章制度處罰了清潔工。但事情並沒有就此為止，核電廠負責人下令，重新檢查所有開關位置，進行及時調整，規避設計不當所帶來的風險。

用核能廠負責人的話說，處罰不是目的，而是為了消除隱患。清潔工的錯誤不僅暴露其個人工作時的細心程度，也暴露了開關位置設置不當的風險。當出現錯誤之後，我們不僅要處罰當事人員工，還要對整個系統問題進行反省和改正。這說明，懲罰之後的反思，重點要從懲罰原因中吸取教訓，將個體情況推廣到整個組織系統中，尋找高效能解決問題的途徑。

第三，獎懲措施必須公開化。

獎勵和懲罰並不是完全矛盾的對立面。在對企業組織領導的過程中，懲罰和獎勵應該積極結合，相互促進和轉化。與此同時，獎勵和懲罰措施必須要公開化。

在企業內，針對怎樣的行為進行獎勵和懲罰，獎勵和懲罰應該採用什麼方式、何種程度，都需要事先加以約定。這樣，員工才能知道哪些事情可以做、哪些事情不能做、哪些行為可以被容忍、哪些行為不能被容忍。在將獎懲措施寫入企業制度之前，其依據和內容也應該全面公開，這樣才能讓企業內的全體成員都可以準確和全面的了解、掌握其中內涵和要求，避免為了獎懲而獎懲。

最後，獎懲方式的依據，應該保持相對的穩定。在形成獎懲制度條款之後，如果沒有特殊需求，不應隨便加以更改。即使更改，也要有讓員工充分認同的理由，不能將獎懲依據變成文字遊戲。

第七章

如何以目標引導團隊，才更有成效

團隊管理的核心，就是目標管理

　　企業的發展依靠團隊的團結合作，如管理團隊、研發團隊、生產團隊、銷售團隊、公關團隊等等。只有各團隊的協同運作，才能帶動企業的發展，也只有如此，才能最終實現企業的幸福。

　　正如現代管理學之父彼得·杜拉克（Peter Drucker）所說：「團隊、組織的目的，就是讓平凡的人做出不平凡的事。」而這些都需要領導者的帶動，那麼，如何讓團隊動起來呢？

　　在領導者思考如何帶動團隊之前，不妨先思考一下關於團隊管理的幾個問題：

　　第一，領導者期望的團隊狀態應該是怎樣的？

　　第二，現實中的團隊狀態如何？又與期望狀態差距多少？

　　第三，在一個「理想團隊」中，領導者應當扮演怎樣的角色？發揮怎樣的作用？

　　第四，在現實中，領導者做了哪些「分外之事」？

　　只有在明確回答這些問題之後，領導者才能夠明白團隊管理的問題所在。事實上，任何一個團隊的不足，歸根結柢都在於領導者帶動的方式有誤。正如史丹佛大學校長約翰·漢尼斯（John Hennessy）所說：「很多領導者對於有才能的人無法在自己的團隊中發揮作用，表現得非常懊惱，往往會採取一種非常愚蠢的處理方式，就是批評犯錯者。然而，最應該批評的人是自己，因為是自己的領導方式有問題，才會導致這種情況發生。」

　　其實，帶動團隊的最好方法，並非以制度推動員工前進，而是以目標引導員工奮進。這也是團隊管理的核心，也即目標管理：不斷給予團隊前

進的目標，激勵團隊前進。

　　無論是團隊的培養，還是企業的發展，領導者通常會制定各式各樣的目標，並採取績效管理的方法。然而，此時，領導者大多也會忽略這樣一個問題：你想要的目標，也是員工想要的嗎？若非如此，團隊目標也難以發揮作用。

　　在制定團隊目標時，領導者必須要規避這些迷思：

第一，切勿追求完美。

　　在設計績效管理制度時，很多領導者總是想要設計得更加全面、完美，最好能夠融入所有優秀的績效考核方法。但如此一來，目標也會變得過於嚴苛，直接讓員工無法積極起來。

　　領導者必須明白，80/20法則具有普適性，在企業管理中，80％的效益其實是由20％的關鍵工作產生的。因此，在設計績效管理制度時，不妨將重點放在這20％的關鍵工作，以免績效考核過於複雜，無法突出重點。員工忙於應付複雜的考核，不僅難以完成任務，其幸福感也大幅下降。

第二，注意民主化陷阱。

　　為了贏得員工的認可，在制定績效目標時，確實應該由員工和領導者共同商定。然而，在績效管理中，員工和領導者事實上存在利益衝突：員工希望績效目標更低、考核更鬆，而獎金更多；領導者則通常希望以更少的成本，實現更高的效益。

　　因此，在制定目標時，領導者也需要注意民主化陷阱。民主決策是必要的，但員工的意見可以徵集參考，卻不能過於遷就，以免讓目標失去意義。民主能夠提升員工幸福感，但過於民主，反而會導致企業管理陷入困境。

第三，重視即時溝通。

目標管理是團隊發展的核心，而在企業的目標管理中，溝通必須貫穿始終，這也是目標管理的核心。無論是目標的制定，還是考核的流程或結果，當員工提出疑問時，領導者都需要透過溝通，消除員工的質疑，確保公平、公正、公開。

有的企業在績效管理時，引入了流行的評分卡制度，透過員工自我評分、直屬主管評分以及人事評分，對員工的績效進行考核。最終卻迎來員工對績效考核的質疑，人員流失率竟然也在上升。

原來是因為其考核中存在這樣的問題：員工自我評分 80 分，主管評分 60 分，人事評了平均分 80 分。最後結果出來之後，員工也不知道自己有什麼問題，為什麼主管只給 60 分，也不好直接去詢問主管。於是，員工私下交流，造成團隊對績效考核的疑慮，也影響該員工的工作積極性，最終團隊氛圍惡化、員工紛紛離職。

在績效管理中，領導者必須注重與員工的即時溝通。在考核之前明確目標，並獲得員工的認可；在考核過程中，則要督促員工達成目標；在評分前後，領導者要與員工私下交流其存在的問題，並公開表揚表現優異的員工。與此同時，管理者也可以藉機獲得員工的反饋，對績效管理策略進行改善，也給予員工所需的支持。

第四，無法顧及部門合作。

目標的實現，並非某個部門或團隊的「內部事務」，而需要依靠企業各部門的團結合作，無論是業務部門、生產部門，還是財務部門，任何職能部門的缺失，都會影響業績目標的實現。因此，在目標管理中，領導者一定要顧及部門合作，切忌導致「本位主義」的出現。

在制定團隊目標時，很多領導者通常會傾向於制定一個較高的目標，從而激勵員工。然而，在制定較高目標時，領導者也應當考慮到，對於該團隊只是較高的目標，對於相關部門而言，該目標是否過高了？

企業目標的實現，需要所有成員的共同努力。因此，在制定目標時，領導者也應當與所有部門和團隊進行溝通，促進相互之間的合作，尤其需要爭取相關部門的支持。如果不能確認全體成員目標的統一，企業就很可能出現前線打得熱火朝天，後勤保障卻完全跟不上的問題。

只有當企業所有成員圍繞同一個目標共同奮鬥時，企業員工才會在領導者的驅動和引導下，努力實現業績目標。

如何合理設定團隊目標

領導者的重要職責就在於，驅動團隊完成更難的任務，從而實現更高的目標。知足常樂往往能夠維繫團隊的和諧共存，但團隊的發展，離不開高目標的實現。但在制定高目標時，領導者也需要掌握「跳一跳，搆得著」的原則。

每個人都有自己的人生目標，有的人或許想要成為第二個王永慶，有的人或許只想著讓家人過舒適生活，正是這些人生目標的設定，決定了人生所能達到的高度。

「不想成為將軍的士兵，不是一個好士兵」，是拿破崙（Napoleon）的經典名言，也正是在這樣的人生目標下，拿破崙不僅成為一個將軍，最終成為帝國皇帝。

然而，並非每個人都想要當皇帝。比如在《倚天屠龍記》中，張無忌幾乎具備了當皇帝的所有條件，但到最後，他卻沒有成為皇帝，反而被下屬朱元璋所替代。正是因為在張無忌的人生目標中，從來沒想過成為皇帝，他或許只想著讓家人過舒適生活。

每個人都有著自己的人生目標，但在團隊發展中，領導者卻應該為團隊設置目標，讓團隊能夠在持久生存中，不斷發展。但目標的設置也是需要技巧的，並非定下「世界最強」的目標，然後讓員工奮鬥即可。

那麼，應該如何制定團隊目標呢？

第一，學會並運用「化城藝術」。

大多數人都有打籃球的經歷，籃球也是全球最火熱的體育項目之一。

相比於足球比賽可能全場「0：0」的戰績，籃球比賽中得分要簡單許多。之所以如此，與籃球架的高度直接相關。

如果籃球架的高度高達兩層樓，那進球就會和踢足球一樣難；如果籃球架不過普通人那麼高，進球容易，但競技性也幾乎為零。因此，籃球架的高度，被設置成跳一跳，就能搆得著的高度。

根據這一現象，美國管理學家埃德溫·洛克（Edwin Locke）也提出了著名的洛克定律：「有專一目標，才有專注行動。要想成功，就得制定一個奮鬥目標。但是，目標並不是不切實際的越高越好。每個人都有自己的特點，有別人無法模仿的一些優勢。只有好好的利用這些特點和優勢去制訂適合自己的高目標和實施目標的步驟，你才可能獲得成功。對每個人來說，在實施目標時，只有當每個步驟既是未來指向的，又是富有挑戰性的時候，它才是最有效的。」

因此，領導者在制定團隊目標時，可以制定一個較為遠大的大目標，但與此同時，也應當制定多個跳一跳就搆得著的小目標，讓員工可以透過不斷提升自己，挑戰小目標，最終實現大目標。

在《法華經·化城喻品》記錄著這樣一個故事：

在很久以前，一位法師帶著一群探險者去遠方尋找珍寶。然而，因為路途實在艱險，因此，走到半途時，探險者們開始感到疲憊，因為遠方實在太遠，他們開始打起退堂鼓，想要放棄這段征程。

法師得知這個情況之後，就暗中施展法術，在前方幻化出一座城池，並對眾人說道：「大家看，翻過這座山，就有一座大城，在城池不遠處，就能找到寶藏啦！」眾人看到前方確實有座大城，就重新振奮精神，再次上路。就這樣，在不斷的幻化城池之後，眾人終於找到珍寶。

領導者必須要學會「化城藝術」，透過不斷的制定跳一跳搆得著的目

標，引導團隊不斷前行。在團隊發展過程中，領導者無須引領團隊「大步前進」，那樣看起來很難，做起來也很累；最好的方式就是「小步快跑」，透過不斷的達成小目標，再到年度、季度、月度目標，引領團隊迅速前進。

尤其是當企業或團隊陷入困境時，領導者無須強調脫離困境需要多少努力，只需要告訴團隊每月的目標如何，員工跳一跳就能搆得著，就不會覺得無能為力，也不會感到任務太重，在不知不覺間，團隊就能脫離困境。

第二，學會合理設置目標。

具體而言，團隊的小目標究竟應該如何制定呢？

在制定目標時，領導者無須糾結於目標形式，無論是明確清晰的，還是模糊含蓄的目標，無論是主動制定的，還是外部強加的目標，只要能夠激勵團隊成員就夠了。

對於一個團隊目標的制定而言，通常需要從三個方面進行考量：

其一，目標難度。

目標可以分為簡單、中等、困難、不可能等多個難度。比如在二十分鐘內可以做多少道題，10 道是簡單，20 道是中等，30 道是困難，而 100 道則是不可能。在考量目標難度的時候，領導者需要注重目標的挑戰性和可行性。

領導者必須明白，過於容易的目標，很難引起員工的興趣，員工也無須努力，反而會有所懈怠；而適當困難的目標，則能激發員工的挑戰欲望，當目標實現時，員工也能獲得滿足感和成就感；如果目標過於困難，令人望而生畏，員工也可能直接放棄，覺得努力也沒用。

對於不同的員工而言，目標的難度也有所區別。可能在這個員工眼中是很簡單的任務，在其他員工看來則很困難。因此，在設置目標難度時，

如果可以的話，領導者最好設置階梯性目標，避免相對難度差異較大。

其二，目標清晰度。

目標具有清晰度的區別，既可以表現為「在二十分鐘內做完30道題」，也可以描述為「在二十分鐘內做更多道題」。目標清晰度的不同，也會影響團隊的最終成就。

如果領導者給出的目標是「在二十分鐘內做更多道題」，那麼，如何算是更多呢？有的員工可能覺得10道題就已經算很多了。這就使得目標失去了意義，領導者必須明白，設置目標是為了引導員工為之努力，因此，目標的清晰度越高越好。

其三，自我效能感。

何謂自我效能感呢？就是指員工對於自己能否有效的實現特定行為目標的自我認知。簡單來說，就是員工透過對自身能力、團隊能力和任務目標等要素進行綜合評估，確定目標實現的機率有多高。

當員工的自我效能感較強時，其對於實現目標的承諾也會提高。也正是因此，領導者通常會發現，當向多個員工安排同樣的任務時，每個員工的反應是不同的，有的認為很簡單，有的認為很難，有的則表示自己會努力完成。

自我效能感與目標難度有著直接關聯，但除此以外，領導者的態度也會影響員工的自我效能感。如果領導者總是將重要任務交付給某員工，該員工也會因為領導者的信任，而提升自我認知，並努力完成目標；反之，員工則會認為自己的能力不被認可，自信心會受到打擊。

只有在合理設定團隊目標之後，領導者才能引領團隊的不斷成長。而目標的設置則要遵循跳一跳搆得著的原則，一方面激勵所有員工的共同成長，與此同時，也可以淘汰能力不達標的員工，挖掘能力較強的員工。

團隊戰鬥力如何帶動

　　伴隨西方現代管理理論的影響，許多企業家似乎形成了一種錯誤的觀點。他們認為，只有傳統的企業才會講究人情管理，利用感情和關係來將員工緊密捆綁在核心領導者周圍，而西方企業用來點燃員工熱情的則是股權、期權和薪酬等直接待遇。

　　其實，這樣的想法更多參雜了誤解。在帶動團隊戰鬥力時，西方管理理論始終認為，熱情由愛來點燃。

　　在西方管理理論中，有著著名的「梅考克法則」：即管理一個企業，雖然離不開權力的運用，但伴隨權力的還需要有愛意。只有當領導者的仁愛和權力共同作用，才能夠產生最佳的管理效果。這種思想，被概括為「管理是一種嚴肅的愛」。

　　採用了這樣的法則之後，眾多大公司的領導方式讓員工具備自然的感激之情，願意為企業付出更多。這和傳統文化中先賢們所肯定的「仁愛」領導思想，無疑有異曲同工的類似。

　　在古代，老子的「仁愛」學說奠定了這一理論的基礎，而發展這一理論的代表人物則是孔子和孟子。孔子強調「仁政」，宣稱「仁者愛人」，在《禮記》中記載，孔子回答魯哀公「人道誰為大」的問題時說：「人道政為大，古之為政，愛人為大。」同樣，孟子主張的「王政」與此在本質上是接近的，都是強調用仁愛來治理國家，而並非依靠武力的「霸政」。在孟子看來，霸政只能使用武力去處罰別人，但人們即使服從也不徹底，王政帶著愛去感化別人，所以天下都能心悅誠服。

　　春秋戰國是血與火的時期，孔孟所提倡的仁愛，固然不被領導者採

用。但在人類文明已經相當發達的 21 世紀，仁愛之道不僅已經全面滲透進入東亞文化圈的政治、經濟、文化、社會和家庭關係的各個方面，更是價值觀基礎。身為企業家，必須明白自己所面對的市場並非只是激烈的商業戰場，同時，也是建構人和人、人和產品、人和品牌之間和諧關係的港灣。

正因如此，很多企業領導者經常會向員工強調：「客戶是上帝。你們要時刻對客戶存有感恩之情，將他們的價值放在第一位。」但試想，如果領導者忽視了員工的感受和利益，沒有用心中的愛去感化員工，又怎麼可能讓員工對客戶施以滿滿愛意？相反，員工很可能會將從領導者那裡得到的負能量盡可能發洩到客戶和產品身上，導致企業失去客戶的好感和支持，逐漸陷入競爭者的包圍中。

日本企業家稻盛和夫非常反感將員工看做單純人力資源的做法。他表示，如果企業沒有員工的愛，管理者就難以經營好企業。而只要領導者愛員工，他們當中的絕大多數最終都會愛客戶。因此，領導者一定要心懷仁愛，將實現員工的幸福當作企業的目標之一。這樣，企業和股東的利益才能有所保證。

稻盛和夫也是這樣做的。2010 年開始，稻盛和夫開始領導日航。面對這個遭遇低谷的企業，裁員似乎是所有領導者都會選擇的重要方式。但最終結果是，稻盛和夫並沒有大量裁員，數年內，只有 160 名員工被裁減。

為了傳遞自己對員工的愛，稻盛和夫奔走於每個機場。每到一處，他就將機組人員和空服員們召集起來，告訴大家自己對企業的熱愛、對大家的喜愛，並希望所有人能夠讓乘客也感受到這樣的愛。在平時的工作中，稻盛和夫也並非採取命令口吻去要求員工，而是會心平氣和的像老教授那樣指導員工，告訴他們為什麼要這樣做，這樣做能夠獲得怎樣的效果。這

種領導方式包含著很深的期盼之情，表現了他對每一個日航員工工作和前途的關心。與此同時，作為日航的董事長，稻盛和夫自己卻只是拿零薪酬，平時工作中，也每次都選擇和普通乘客一樣乘坐日航經濟艙。在旅途中，他會利用一切機會，和飛機上每個服務人員交流。逐漸的，稻盛和夫發現，員工們的聲音越來越有情感了……

在這樣的關愛下，日航迅速走出了困境。在接受媒體採訪時，日航代表山口榮一表示，之所以能夠獲得這樣的效果，來源於稻盛和夫始終愛員工的經營理念。

領導者愛員工、為員工而努力，員工就會愛企業、為客戶而努力。愛員工看起來是個簡單的要求，其中卻包含著以人為本的領導理念，可以為員工帶來很大的認同感和尊重感，並產生一般領導者無法帶來的鼓舞力量。

如何將愛心傳遞給員工呢？

圖 7-1 將愛心傳遞給員工的方法

第一，帶著愛心看待企業的經營。

領導企業，也是在領導自我的改變。你是怎樣的企業家，就會有怎樣的企業。如果你是個冷漠無情的人，你的企業在市場中的形象自然也會冷漠無情，而如果你想要企業獲得所有人的喜愛，就必須要有愛心去經營和做事。

在日常的管理中，企業領導者不僅應該關心員工的物質福利、生活待遇和工作情緒，更要去引發員工主動發揮價值，能夠真正像良師益友那樣關心員工成長，幫助他們獲得進步與成功。在這樣的精神指導下，企業領導者會重新看待企業的經營，將其定義得更加豐富，成為幫助員工成長與實現自我價值的平臺。

第二，以身作則，用愛心回報顧客。

領導者都希望企業員工能夠有充分的熱情，而不會只注意短期利益報酬。但員工同時也會關注著領導者的行動方向。只要你堅持積極採用愛意來對待員工、對待客戶，從長遠來看，自然會影響到員工的理念，並指導員工去著眼更加廣闊的需求，發現更好的自我。相反，如果領導者始終只能看到利潤，沒有他人的利益，員工自然也會將企業看成個人利益的跳板，而不願注入真正的情感。

第三，營造家庭般的親情氛圍。

家庭，是整個社會中最細微最自然的社會單元，絕大多數人自然會對家庭有強烈的歸屬感。在企業中，如果企業領導者能營造出一種類似於家庭的親情氛圍，就能引導下屬將公司當成家庭，每個人都感覺自己是家庭中的重要成員。這樣，大大增強下屬對工作的主動性和參與性，從而使得他們能夠對企業的前進方向滿懷熱情。

對於那些更需要創意、靈感與合作的中小企業，不妨讓企業的辦公室風格更加溫馨一點。例如允許員工在一定程度上布置自己的辦公區域，並鼓勵他們按照部門劃分，集體布置公共辦公區域。這樣，整個工作空間的風格，能夠漸漸形成既有個體又有集體的家庭氛圍。

更重要的是，對於員工而言，辦公室不再枯燥乏味和生硬冷漠，而是能帶來舒適和溫馨的場所。另外，領導者還可以考慮在公司中設立茶歇區、腦力激盪區、午休區等，在這些地方設置一些休閒零食和飲料，這樣，員工就能感受到家庭般的溫馨。

而對於那些更多集中在生產業務的企業，領導者需要的是能夠在工作和業餘時間都能多關心員工。例如，在夏季為員工送上清涼飲料，在冬季注意防寒設施等。同時，還應該做好勞動防護等工作，讓員工感受到其他企業所無法感受到的關愛。

「仁者愛人」，只有內心有愛的領導者才會激發員工改變現狀的努力。這種努力，會讓你對員工的潛力感到更大的驚喜。

你需要與員工站在一起

在古代兵法經典《孫子·謀攻篇》中，有這樣一句話：「將能而君不御者勝。」這句話的意思是指，將領是有其自己的權力的，君主不應該盲目干預，這樣才能保證將領的才能充分發揮，從而獲得戰爭的勝利。

將領之所以成為將領，是因為其作為優秀人才，在漫長的戰爭中逐漸脫穎而出。因此，如果君主不是去帶動其積極性，而是試圖直接干預，那麼將領的才能就無從展現，情況就會不斷惡化。最終，君主會發現，作戰指揮變成了自己，當自己為此焦頭爛額的時候，下屬員工卻已經開始準備溜之大吉，沒有人願意留下來全力以赴。但發生這一切又能怪誰呢？

歷史上，將領不受君主限制而獲勝的案例並不鮮見。戰國時，吳國攻打楚國，吳國公子光之弟夫概，要求率兵攻打楚國子常，但卻沒有接到具體指示。但夫概本著「將能而君不御」的原則，率領屬下進攻子常獲取勝利，成為歷史佳話。同樣，魏國的信陵君接到趙國請求，要求出兵共同抵禦秦國，但魏國的君主不敢出兵，卻故作姿態而下令按兵不動。於是信陵君按照魏公子食客侯生的建議，投出兵符，奪下了兵權救下趙國。

在現代企業管理中，固然需要有對權力運行加以分配的層級機制。但在設計這樣的機制時，領導者也應該充分意識到下屬積極性的價值，要寄希望於他們全力以赴的勇氣和能力，不應過多的越俎代庖。尤其是在發展中的企業，領導者所面對的事情相當繁重，倘若不能和下屬共同行使權力、樹立權威，就會導致將無能而君不威。

日本豐田汽車公司的領導者，擅長利用建立制度來激發員工的參與積極性。1951 年，石田派出豐田英二到美國，學習到了「卡片登記辦法」和「合理化建議」。當豐田英二回國之後，就開始建立豐田公司的「提案制度」。在職工大會上，石田這樣說：「豐田汽車公司最終目標是產品要更好、價格要更便宜，而好主意才能創造出這樣的產品。」

豐田公司將員工的建議分為有形效果、無形效果、利用的程度、創新性、設想的心智、職務內外等類別，並根據類別評分，每個項目最高到 100 分為止。獎金的起點則從 500 日圓到 20 萬日圓不等。

剛開始執行這樣的制度時，員工們並不積極。各大下屬廠、公司、工廠貼出了布告徵集建議，但一年所得到的建議不到 200 件，建議箱上布滿塵土。但石田和豐田英二並沒有放棄，他們長期不懈的推行這個制度。到 1974 年，收到建議 40 多萬件，採用率高達 79%，發放獎金 3.6 億日圓。

無論是豐田這樣的大企業，還是正在努力追求生存和發展得更好的中小企業，歸根到底，企業組織都是系統性的工程，需要良好的集體合作。因此，依靠少數人的努力不可能達到理想效果。企業必須要確保引導每個組織成員，都能在領導力作用下形成強烈的責任感。因為員工才是企業策略計畫的最終實施者，想要提高企業的執行力，企業領導者就必須帶動員工共同貫徹到底。

下面是領導者激發員工參與感的重要方法：

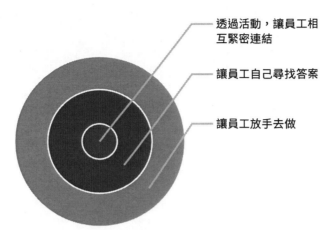

透過活動，讓員工相
互緊密連結

讓員工自己尋找答案

讓員工放手去做

圖 7-2 領導者激發員工參與感的重要方法

第一，透過活動，讓員工相互緊密連結。

在企業內部，可以採取橫向連結與活動的方式，加強員工之間連結。透過企業領導者對這一工作方式的帶頭發起，能夠培養出員工彼此的交流與合作。例如 SONY 的領導者就倡導一系列活動組織，包括工廠娛樂部、女子員工部等，從而有效促進人和人之間的關係。另外，透過這些活動，還能讓領導者挑選和辨識員工，因為在合作過程中，那些具有不同特長如企劃、宣傳、組織、引導的員工會脫穎而出。

企業還可以組織不同的活動來加強員工的互相了解和信任，比如綜合運動、長距離接力跑、游泳比賽、棋牌比賽等。包括企業的董事、總經理、部門經理等，在條件適合的情況下都應該親自參加，和下屬共同投入到競技之中。這樣，就能在不知不覺中促進企業內部的凝聚力。

第二，讓員工自己尋找答案。

領導者不但要自己具有強大的貫徹和執行力，而且要懂得如何放手和「消失」，讓員工懂得自我訓練。恰當的團隊內部獎懲制度，是帶動積極

性，讓員工共同努力的有效方式。此外，領導者應該有效倡導團隊之間的討論，藉此提高組織凝聚力。

當員工在工作中遇到困難，好的領導者會透過正確提問，引導員工抓住討論的中心，並提出解決辦法。領導者還會鼓勵員工之間的對話，評估所有可能，形成解決方法。同時，他們還能藉此去幫助員工尋求矛盾解決的邏輯，吸引更多員工參與到決策中。

雖然企業執行力的提升是所有員工都應參與的事情，但領導者在其中的作用重大。他必須要有意識的引導員工，對下屬自行分析過程進行指導和驗證，從而培養出他們的能力。

第三，讓員工放手去做。

給下屬發揮的自由，讓他們自己去做，並等待結果。這樣，有助於提高員工在工作中的勇氣和精神，提高管理效率。

具體而言，當領導者確定好負責某個部門或工作項目的下屬後，可以讓他先著手進行，而並非馬上幫其指出計畫或方向。在這種情況下，下屬會不得不自己進行思考，並很有可能拿出比領導者期待更好的方案。當然，企業老闆也應該隨時保持一定程度的關注，以便能夠隨時提醒下屬進行有效調整。

無論如何，你的員工必須要在領導力的影響下，擁有充分的自信心。只有這樣，他們才會有更大的責任感，並願意不惜一切代價突破現狀。

去中心化時代的領導力

著名的領導之神、松下集團的創始人松下幸之助說：「領導者再強，但員工冷淡，依然難以推動工作，必須要設法讓每個人都將自己認為是負責人。」同樣，一位企業家說：「若能使員工都有歸屬之心，這種精神力量將勝於一切，只有依靠整體作業人員的徹底向心力，才能以企業盛衰為己任，才能使得企業達到成功境遇。」這樣的哲理，說出了企業領導力提高的宗旨所在。

那麼，究竟如何利用精神的力量，去培養員工的歸屬之心？

所謂歸屬之心，是指員工的主角意識。從領導者的管理角度而言，一個能夠將自己看做主角的員工，必然會深愛著自己的團體和公司，對組織會有充分的奉獻精神。當員工感覺到自己有權對工作做主，就會有更多的熱情來投入其中，他們會感覺自己是整個企業的核心，因此並不需要領導者的反覆督促，就能積極工作。

老子提倡「無為而治」：「我無為而民自化，我好靜而民自正，我無事而民自富，我無欲而民自樸。」其中所包含的內涵不只是強調「無為」，而是希望領導者不要刻意的在組織中扮演核心。只有他們先做到去中心化，員工才會將自己擺到企業的共同中心位置上，實現自我管理、自我工作、各司其職、各司其事。

身為領導者，不僅要對領導工作有充分責任心，也要對每個下屬的角色有充分責任感，讓他們獲得主角的美好體驗。領導者既是下屬的指揮，也是他們的師長，從某種程度上來說，當領導者將下屬也看做企業核心，員工才會真正確認角色，並為了組織的集體利益投入工作。

　　當領導者和員工共同工作時，不妨將他們的利益、感受放在前端加以考慮。同時，企業領導者還要注意發揮員工的自主性，以自我管理和規範去要求他們。這樣，就能激發員工努力的願望，鞭策他們主動追求最佳的工作方法和最優的工作效率，為企業帶來良好業績。

　　在聯邦快遞公司，領導者將員工們放在了組織集體中最重要的位置。聯邦快遞的員工能夠按照自己的工作方式行事，無論是主管、快遞人員抑或顧客服務人員，都擁有很大的工作彈性。透過這種始終確保員工處於工作流程中心位置的做法，領導者大大提高了聯邦快遞的競爭力。

　　高階事務經理瑞利（Riely），在聯邦快遞工作了 15 年。她之所以服務了這麼長時間，主要原因就是充分的自主權。從她還是快遞員開始，就能夠獨立安排工作，而即使管轄近 300 名員工、年收入超過 500 萬美元的部門，她依然可以相當自由的進行工作。只要提出的工作目標被上司認同，她就可以獨立行事。領導者並不會告訴她工作有問題或者快遞路線沒有安排好，而是由瑞利自己安排獨特的訓練計畫、品控小組和路線。

　　在這家公司，哪怕只是貨車司機，都能夠自行決定派送路線，並和顧客商量如何收件送件。不少基層員工說，雖然公司內有幾名主管，但他們並不像工頭那樣緊盯著員工，如果員工做得不好，他們就會說明，但並不會使用那種看似鐵腕實則低效果的管理方法。

　　英國著名的漢學家李約瑟（Noel Joseph Terence Montgomery Needham）曾經提出，「無為」的最初概念，就是指「避免反自然的行動」。剝奪員工在工作流程裡的中心位置，當然違背了其天性，領導者不能勉強去做出這樣的選擇，而是要因勢利導，提升領導水準。當員工具有了團結互助的集體精神和強大自律的主角責任感之後，他們眼中的領導者形象將不會再是對立面，而是其領袖。

怎樣才能讓員工有這樣的境界？

圖 7-3 提升員工主角意識的方法

第一，從細節上讓員工感覺到自己是企業的主人。

IBM 公司為他們工作多年的員工發放這樣的名片：在精緻的名片上，印刷上一個藍色鑲金邊的盾牌，印著燙金壓紋。那個盾牌是授予員工 25 年工齡榮譽勛章的複製圖形，盾牌上寫有「國際商用電器公司，長年的忠實服務」。

透過這樣的細節設計，員工在每次掏出名片時就會油然產生企業主人的自豪感。企業領導者採用這種並不引人注意的方式，高效能的幫助員工找準了位置、進一步提高了工作潛力。

第二，營造平等溫馨的主題感。

為了讓下屬和員工都能認同自己在企業內的核心位置，領導者可以在企業中建立主題文化，讓企業內所有人都感受到自己是屬於整個大家庭的一分子。

可以用下面這種方式來打造這種主題氛圍：每隔一段時間，在不同部門舉行聚餐和娛樂活動，邀請部門內外的相關員工攜家屬自由參加活動。活動中，無論是企業領導者還是部門管理者，都要和員工無拘無束打成一片，享受食物和美酒，為團隊所創造的業績加以慶祝。這樣的活動，能夠讓員工感到自己與部門管理者、企業領導者不分彼此，不僅有共同利益，還能獲得更多的共同語言。

第三，在執行層中打造主管的感覺。

部門的管理者是企業執行層面的關鍵性人物，長期以來的企業文化慣例，總是將這樣的職位稱為主管。這很容易讓員工認為只有部門管理者才是「管事」的，需要對部門主要負責的，他們才是整個部門命運的掌控者。如此的固定思維，讓廣大員工無法真正成為部門的主角，相反，他們會認定部門的工作、企業的命運和自己並沒有太大關係，那是「主管」關心的事情。

其實，領導者完全可以反其道行之。可以學習例如美國聯合航空公司等企業的思想，在企業規模不大時，側重打造每一名員工都能成為企業家的意識。

你可以加強對員工的教育，讓他們能夠更全面的認識公司，了解其中每個和自己相關的操作細節。這樣，員工就不會有「我什麼都不知道」的感覺。他們會認定公司是和自己緊密相關的，工作更是屬於自己的，沒有理由不去為公司的經營而努力，並必須自覺的為公司承擔責任和義務。

舉重若輕，讓管理自成體系

　　領導者是推動企業的人，但推動企業不能只依靠個人的力量，也不能依靠書面的制度——無論是個人還是制度，都需要有具體的權力體系作為傳遞領導力的中介平臺。因此，企業老闆想要做到舉重若輕，避免時間和精力浪費在種種細節中，就必須要在企業內部建立足以適應「無為而治」的權力體系。

　　需要明確理解的是，企業中的「人」需要不斷管理，「事」也同樣如此。企業的管理權力體系不可能「頭痛醫頭，腳痛醫腳」，必須緊緊圍繞企業經營的範圍與重點加以建構。很明顯，當企業處於不同發展階段時，其策略不同、價值鏈不同、發展階段不同，企業所建立的權力體系架構也是不同的。當企業還處於上升初期之時，其體系架構或許足以承載市場與客戶交給企業的任務。當企業進一步發展時，如果不能讓權力分配獲得自主運轉的能力，就只能面對越來越逼仄的空間。到那時，領導者意識到重建權力體系的重要性，很可能為時已晚。

　　1995 年，華為自主研製的數位程控交換機在市場上迅速打開銷路，公司開始大規模擴張。但也正是同時，公司原有的脆弱管理體系已經無法支撐公司發展，主要暴露的有三方面問題。

圖 7-4 華為原管理體系的三大問題

第一，業績評估矛盾。

當時，華為員工從二百多人增加到七、八百人，而華為大面積進入農村市場，主要採取了人海戰術，導致銷售人員迅速增加。如何對其業績加以有效評價和激勵，是華為公司必須及時解決的問題。

第二，職責和權限不明晰。

華為緊跟當時企業管理的潮流，在全公司大規模推行 ISO9001 標準。然而，在重整之後的業務流程體系內，不同部門和職位的職責和權限，如何重新加以定位，成為了領導者心中的重要問題。

第三，企業文化難以定位。

隨著公司的不斷發展，華為企業文化開始不斷出現在管理層和執行層員工的口中。但與此同時，人們又解釋不清究竟什麼才是真正屬於華為的企業文化。領導者任正非認定為，需要為華為建立一個明確清晰的企業文化。

在經過和相關專家的反覆交流之後，任正非決定建立一套企業內部權力運行體系，《華為基本法》由此誕生，無為而治的思想被充分融入其中。包括企業發展策略、產品與技術政策、組織建立原則、人力資源管理和開發以及與之相對應的管理模式和制度等，不同層級的員工如何獲得權力、分配權力和運用權力，其原則在《華為基本法》中得到了明確的限定，並就此形成了企業內部新的授權方式。

因為有了和「無為而治」相搭配的權力管理體系，華為才實現了不斷的成長和跨越。當然，建立一套權力的體系，並不只是領導者謀求的終點，透過建立這樣的體系並加以制度化，改變所有員工，並改變企業價值觀念，才能確保即使管理層更替，無為而治的理念也依然會代代相傳。

想要在企業內建構自主運轉的權力體系，領導者就要學會將企業劃分出三大階層，並積極處理好三大階層相互之間的權力影響關係。

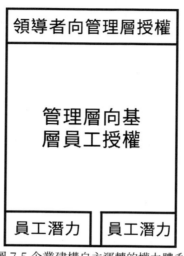

圖 7-5 企業建構自主運轉的權力體系

第一，領導者向管理層授權。

企業最高核心是老闆，正如同自然界的「天」。「天」需要抓住的是最高權力，即影響自然界氣候現象的能力，而對於世界上其他的芸芸眾生，「天」自然不會一一加以關心。領導者和執行層之間的關係，正是如此。身為領導者，不可能直接去影響和改變基層員工，他們需要向管理層加以授權來達到效果。

當領導者向管理層授權時，必須明確傳達所授予事項的任務目標、權責範圍，包括完成工作所需要的基層員工、實際資金、技術、設備和資訊等資源。這樣才能有利於管理層去督促基層員工，並不會推卸其應有的責任。

第二，管理層向基層員工授權。

當管理層向基層員工授權之前，領導者要透過多種方式，引導他們注意下面的問題：

首先，授權內容應當是具體任務，而不再是抽象的職責。其次，授權之前，員工應當獲得足夠的培訓和考核。再次，除非事關重大，否則，管理層不應隨意否決已經由被授權的員工做出的合理決定。最後，管理層不應該將自己不喜歡做的事情以授權方式推脫給員工。

第三，授權應有的意義和價值。

企業內部進行的授權，並非只是為了節省工作時間和提高工作效率。一切授權行為都應該建立在可以產生的良好效果之上。

首先，授權最終產生的結果應該是讓客戶感到便利，透過權力分配，一些可以由基層或管理層解決的問題，應該直接授予其解決權力，這樣，客戶就不需要等待企業內部層層請示報告的流程。其次，授權步驟的意義還需要表現在企業成本上，利用授權，將問題解決在第一線，從而有效節省時間和成本。再次，授權還應能充分激發基層員工的潛力，因為每個層級的管理者不可能在所有技能上都比其下屬強，適當的授權需要結合基層員工的實際特長來進行；最後，授權還應該有具體針對性，尤其在於有目的培養員工上，促使他們透過承擔更多責任來為以後的職業生涯做準備。

第八章

向上與向下溝通的祕訣

善用同理心，翻越彼此心牆

隨著經濟發展和社會進步，越來越多的老闆發現，依靠資本力量或時機選擇而一搏成功的經營方式，已經逐漸趨於淘汰。在今天，想要將企業做大，除了需要種種成熟的主客觀條件之外，領導者自身也應具備高於競爭對手的情商。在領導者資質必需的共情心下，其同理心是不可或缺的重要組成部分。

現代的 EQ 理論認為，EQ 包括五個方面：自我情緒認知、自我情緒控制、自我激勵、人際關係處理和同理心。所謂同理心，最重要的內涵是指站在他人的立場來考慮問題。要明白對方為什麼會這樣想，進而理解其想法和做法，並能夠減少誤解和衝突，形成一致的立場。

在傳統領導理念中，從來沒有缺少過同理心的相關論述。早在 2,500 年前，孔子就曾經說過「己所不欲勿施於人」。這要求領導者不但應該利用溝通來表達想法，還要能準確說出員工的心聲。同時，領導者還要以溝通來化解和員工之間的心理隔閡，從而讓員工能夠理解領導者，也讓領導者身邊的團隊去正確理解員工。

但在現實中，領導者和員工的接觸主要是圍繞工作進行的，隨之而來勢必產生大量的問題需要解決。如果領導者只是把員工看做為企業克服這些問題的工具或資源，顯然不利於理解他們的內心。這種同理心層面的缺失，會讓領導者為此付出代價。

當年，孟子在和齊宣王的談話中就明確說到這一點：「君之視臣如手足，則臣視君如腹心；君之視臣如犬馬，則臣視君如國人；君之視臣如土

芥，則臣視君如寇仇。」意思是說，領導者如何看待下屬，下屬就會如何看待領導者。如果將下屬看做手足，則員工和領導者之間自然都會產生同理心，員工也會將領導者看做自己的大腦；如果將下屬看作犬馬來驅使，下屬也會將領導者看作一般的老百姓；如果領導者將下屬看成如草芥一般毫無利益可言，那麼下屬就會將領導者看做仇寇。之所以領導者遭遇到了下屬的不同對待，其差別在於他們是否採用了同理心，將自己放在員工相同的位置去看待和理解問題。

雖然老子和孔孟的很多理論都不盡相同，但在同理心這一點上，先賢們有著驚人的一致。在《道德經》中老子這樣說道：「聖人無常心，以百姓心為心。」這意味著領導者不能只是考慮到自己固定不變的想法，而是包容所有下屬的想法，積極和他們進行換位思考。這樣，就能了解他們到底是怎樣的人，到底需要什麼，解除雙方存在的問題，贏得下屬的敬重。

玫琳凱（Mary Kay）是美國玫琳凱化妝品公司的創始人和領導者。在她創業成功之前，曾經在多家直銷公司工作過。有這樣的經歷，她非常了解在不同的老闆手下工作，究竟會遭遇到哪些體驗。因此，當她終於開始創立公司時，決定要建立整套能夠真正激發員工熱情的管理方式，而不是讓自己曾經體驗過的遭遇，在公司裡重新上演。

玫琳凱是這樣想的，也這樣堅持下來。無論領導過程中出現哪些問題，或者面對怎樣的員工。她都能很好的進行溝通來加以解決和管理。玫琳凱承認，其中也有相當棘手的事情，但她總是會先想：「如果我是對方，我希望領導者能夠得到怎樣的態度和待遇？」她總是這樣首先向自己提問，而經過這樣的思考之後，很多問題也就能迎刃而解。

由於玫琳凱採用了這樣的角度進行溝通，她的員工也就毫無保留的提

出自己的看法和意見。彼此溝通的管道讓玫琳凱公司內部的問題反映流程加快，一旦基層出現問題，員工之間、員工和上司之間，都能很好的相互理解，透過層層向上反映，最後遞交給公司最高層。而公司頂層的管理團隊在玫琳凱的帶領下也很樂意接受並採納建議。

在中小企業裡工作的領導者，更不能缺乏同理心。因為一旦在高節奏的工作下缺乏了換位思考的積極性，就有可能導致領導者和員工之間想法的背離、方向的偏差，甚至會讓整個企業中不同部門、不同團隊和不同職位之間失去應有凝聚力，陷入失控的泥潭。相反，如果領導者能夠積極採取同理心來對待下屬，不僅減小了陷入被動的風險，還會因為員工對領導者態度的喜愛和感激，收穫他們的情感。

值得注意的是，雖然很多領導者和玫琳凱女士有著同樣的經歷，都是從員工開始創業或成為領導者的。但隨著他們自身在組織中的角色發生改變，或者年齡、資歷不斷累積，他們的工作層次發生了變化，思維也就此徹底「轉變」，不再理解下屬的思考特點，更不懂得怎樣和這些下屬們交流。最典型的例子是：那些其實年紀並不算大的「七〇後」領導者，卻經常抱怨自己無法和「八〇後」、「九〇後」下屬們交流。其實，相差不到十歲的年齡，並不是溝通有阻礙，而是因為同理心的缺失。

因此，溝通是否暢通，並非在於是否能夠理解的問題，而是領導者願不願意進行主動改變，透過視角的轉變和行動的積極，來真正理解員工。如果領導者缺乏主動性，或沒有認識到對員工進行觀察和了解的價值，自然就會和員工距離越來越遠。

增強同理心，企業領導者能夠贏得更多的關心和支持。

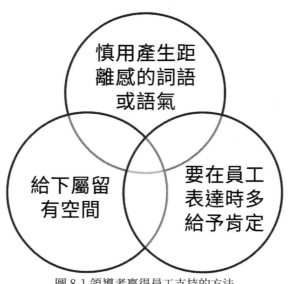

圖 8-1 領導者贏得員工支持的方法

第一，慎用產生距離感的詞語或語氣。

在和下屬的交談中，領導者不要總是在說自己，要慎用甚至少用「我告訴你」、「我看」、「我覺得」等字眼，而是使用「我們」、「公司」、「大家」等字眼。如果在情況需要時，還應該多強調「你」、「你們」等主體詞語。這樣，員工會感到領導者的關注和理解，同理心由此達成。

第二，在溝通中，要給下屬留有空間。

溝通不可能永遠是順利的。尤其在工作中，即使是關係親密的領導者和下屬，也會經常有一些矛盾產生。為了高效能解決問題，領導者要注意給下屬留有足夠的表達空間。

在溝通中，意見不同的雙方都會認定自己的看法是正確的，一旦領導者壓制員工的表達空間，很容易被他們看成是刻意利用權力來強制達成共識。明智的做法是，當領導者談到不同意見時，也儘量保持給對方一個空

間，例如：「你這樣說的確不錯，有道理，另外我想……」或者「我覺得你的意見很有價值，不過你有沒有想到過從另外一個角度來考慮……」這樣溝通，就顯得有更多的討論空間了。

需要強調的是，在聽取對方的意見之後，儘量不要用「但是」。眾所周知，領導者的「但是」後面，通常都是真正想要表達的意思，而「但是」之前的話只是給員工面子而已。如果你明明希望溝通中給員工留有表達意見的空間，卻又畫蛇添足的加上「但是」之後的內容，很可能讓員工感覺這樣的溝通是虛偽的。

第三，要在員工表達時多給予肯定。

同理心並不是一朝一夕就能產生的。當你和員工進行溝通時，可以適當主動的表達同意和肯定的姿態，並不需要等到對方來向你請示。例如，當員工說出對產品的看法，或者對方案的建議之後，你不妨主動點頭微笑，並說：「是的，你的一些觀點我很贊成……」有了這樣的開場白，溝通就能在同理心的氣氛下順利進行了。

總之，現代的企業領導者想要帶領好組織，必須要充分利用同理心效應，讓員工真正透過溝通，變成「企業的人」。

在溝通前先計算你會占用上司多長時間

　　有人曾為現代企業中的領導者畫了一張「日理萬機圖」：早晨六點半起床，刷牙、洗臉，穿上衣服，剛坐上飯桌，門鈴響了——進來的是自己的一位下屬，或許是後勤部的主管。這位主管說有緊迫的情況要匯報，需要儘快得到處理，於是，直接來到家門口面談。兩人在門口一談就是半個小時，沒有就坐，也沒有喝茶。談完事情，上班卻已經要遲到了。飯也來不及吃，匆忙穿上鞋，就趕到了公司，卻還是遲到了二十分鐘。

　　祕書早已經在辦公室等了，一進門，祕書就遞上了一疊需要查看或簽字的文件。剛剛坐下來，看了一個小時。祕書又來敲門，說是有個會議需要早上參加；這個會議之後，還有市裡的一次招商會，在市政府召開。表示知道了，就抓緊處理手頭的文件，剛剛看完，就已經到了第一場會議的時間，副經理催促著開會。等到了會議室，看到大家都已經到齊了，而自己還沒構思好開場白。幸好這只是個一般性的會議，自己照常說了幾句話，就讓副經理去主持了。

　　會議結束之後，離坐車前往市政府，還有半個小時的間歇時間。想著回到辦公室坐下來，泡杯茶整理思路，可來到辦公室，卻看到兩個主管已經在那裡等著自己，準備向自己請示一些工作上的問題了。這邊還沒談完，祕書就敲門進來，說是時間到了，要坐車去市政府了。於是，只好帶著兩位主管一起下樓，邊走邊談……在這短短的半天中，上司的行程安排就被兩次打斷：其一是早晨的下屬緊急匯報；其二是晨會後的主管請示工作。也正是因此，上司來不及吃早餐就趕到公司開晨會，也來不及整理紀錄就要趕赴市政府開會。

事實上，身居領導者位置，每位領導者的日程安排都十分緊湊，很多事項的時間安排甚至以分鐘計算。一旦下屬的溝通時間超限，很可能會影響到上司下一行程的有效推進。

因此，在向上溝通之前，你就要計算好可能占用的時間，以免大量占用上司時間之後，卻仍然沒有一個有效結果，導致時間資源的無謂浪費。

第一，理清頭緒，明確列出各項細節。

在與上司溝通之前，你首先要理清頭緒：這次溝通的主題是什麼？有哪些要點？希望得到什麼結果？該結果是否需要其他上司協助處理？只有在明確列出所有相關細節之後，在與上司溝通時，你才能做到有的放矢。而非提出問題之後，等著上司詢問各項要點，再表現出一臉茫然的模樣。

與上司的溝通必須追求高效能，而這就需要你理清頭緒，以最簡潔的語言說明問題，並在上司詢問細節時，快速給出回答，從而便於上司做出決定。而在這樣的過程中，你也就能計算出可能需要占用的時間，如 5 分鐘、10 分鐘或半小時。

與此同時，在部門、職責區分的公司，你也要明白：哪位上司能夠給你想要的結果？從而找準溝通對象，或是明確溝通順序。

第二，預約時間，切忌打斷上司工作。

無論可能占用的時間有多短，都不要隨意敲開上司的辦公室。因為在當時，上司可能正在處理重要事項，也可能在思考一個創意方案，此時的打斷則可能使上司感到突兀，影響其手頭處理事務的節奏。

因此，如非緊急事項，在溝通之前，你最好先與上司預約時間，詢問上司何時有空，並告知可能需要占用的時間。這樣一來，上司才能在其日程安排中找到合適的空檔，處理你需要溝通的問題。

你的「廢話」，下屬聽懂了嗎

在企業的日常工作中，老闆通常都要處理比員工更多的工作任務。他們每天都和下屬一起進行任務分配、狀況確認、效果反饋和工作總結等事務。此外，領導者還肩負著為不同部門、不同員工提供資源支持、協調內部關係的重任……所以，當企業在迅速發展、競爭激烈時，領導者經常無法意識到溝通中存在的問題，他們傾向於採取直接進行談話或宣布決定的方式，將任務安排下去，並認為溝通就此見效了。

雖然領導者希望員工有強烈的責任感，去積極主動了解溝通所傳遞的重要內容。但由於雙方所處角度不同，加上現代企業內部事務繁忙，工作節奏很快，作為執行者的員工，很容易對領導者的話難以入耳，甚至根本聽不進去。結果，就會造成雙方之間的嚴重誤會：領導者認為，對員工說話猶如對牛彈琴，不論自己怎樣苦口婆心，員工都聽不進去；而員工認為，老闆不體諒下級的難處，永遠都會像《大話西遊》中的唐僧那樣，說一些不著邊際、看似正確的「廢話」……試想，原本是為了溝通而進行的語言表達，最終卻加大了彼此之間的隔閡。領導者知道這樣的「真相」之後，是否會感到心痛呢？

在老子的《道德經》中，關於領導者語言表達風格，有如此精闢的論述：「希言自然。飄風不終朝，驟雨不終日。孰為此者？天地。天地尚不能久，而況於人乎？」意思是說，少說話、少發令，是真正合乎自然法則的領導者語言風格。狂風，不會刮一整天，暴雨，也不會下一整天。風雨大作，是誰的能力？自然界。自然界都不能持久的狂風驟雨，又何況是人呢？

在老子看來，運用大量的語言進行溝通，顯然是不合乎「道」的，也就是不合乎常理的。如果領導者非要選擇這種有悖於人性的風格來進行溝通，則只能收穫負面的效果。所謂「希言」是指領導者應該珍惜語言表達的價值，這樣才符合「自然」。

其實，不僅是傳統文化要求領導者做到「希言自然」，在西方歷史上，成功的領導者也大都如此。

第二次世界大戰期間，面對著納粹德國的瘋狂進攻，英國節節敗退，士氣有所動搖。英國首相邱吉爾（Churchill）認為，自己作為政府實際的最高領導者，需要做一場演講來激勵國民和軍隊。

舉行演講時，邱吉爾慢步走向講臺，先將帽子放在講臺上，然後他用堅毅的目光從左到右橫掃了整個會場，說道：「永不放棄！」然後又從右到左注視著所有人的目光說：「永不放棄！」這時，整個會場已經鴉雀無聲，而邱吉爾依然嚴肅的望著所有人，加大了音量：「永不放棄，永不放棄，永不放棄！」整個會場因此而興奮起來，掌聲、歡呼聲震耳欲聾，士兵們群情激奮，恨不得馬上就能奔赴戰場。在一片歡騰中，邱吉爾默默的戴上禮帽，拄著手杖走下了講臺。

同樣是帶領盟國走向二戰勝利的領導者，羅斯福（Roosevelt）的命令風格也講究「希言自然」。當時，由於擔心日軍的夜間空襲，美國政府頒布了燈火管制命令：「務必做好準備工作。凡使用內外照明設備，而產生能見度的所有聯邦政府大樓或政府使用的非聯邦政府大樓，在日軍夜間空襲時，都應漆黑一片。可以透過遮蓋燈火結構或終止照明的方式，實現黑暗。」而當羅斯福總統看到這項指令之後，他用自己的語言風格表達：「要求：在房屋裡工作時，遮上窗戶；不工作時，必須關掉電燈。」

可見，對那些領導著幾十萬軍隊和上千萬民眾的最高領導者來說，

語言是最寶貴的資源。透過最簡潔的表達，輸出最大的訊息量，他們才有帶領下屬走向勝利的高效能。在中小企業中，老闆面對的員工數量往往只有數十人，更需要採用最經濟的語言達到最佳的效果。需知，簡潔的語言運用在對組織的日常領導上，往往能比那些繁雜冗長的表達更加吸引人。這樣的語言，能夠展現出領導者理解的深刻，表現出不同的認知和思維能力。而當員工聆聽這樣的語言時，也能夠在最短時間內獲得最明確的提示。

領導者在和下屬的溝通中，經常扮演溝通中的主導方，他們更有責任去秉承「希言自然」的原則，懂得如何直白而精確的陳述想法。

圖 8-2 領導者與下屬溝通的注意事項

第一，明白溝通的主題。

無論是日常工作的管理，還是企業策略決策的討論和宣布，領導者都應該在溝通之前，提前明確主題。為了能夠清楚的表達主題，他們需要先確定中心論點，且論點必須集中於某一個問題，圍繞其產生原因、實際表現或解決方法進行。這樣的中心論點應該提前向溝通對象進行公布，溝通時，交流的內容就不會模糊化，員工也就會在最短時間內跟上領導者的思路並共同尋找答案。

第二，領導者應注意用詞的精確化。

蘋果的創始人和領導者史蒂夫・賈伯斯（Steve Jobs）就有著很高的文學素養，也專門鍛鍊出了自己的語言風格。在一次記者採訪中他這樣答記者問：「在我的字典中，沒有所謂的職業生涯，只有生活（life）。」正因如此，許多人都表示，參加過賈伯斯主持的蘋果新品發表會之後，會感覺自己的英語能力都有所提高。

領導者在言辭用語上應該精準化，不要習慣使用「大概」、「或許」、「差不多」等模糊的用詞，也不要使用那些和員工的學歷背景、工作環境、知識經驗所不相應的專業術語。

領導者應累積適應組織特點的詞語，並清楚辨明這些詞語的異同之處。在日常工作時，重點在於根據對方的理解、判斷和交流習慣，有意識的從中選擇有別於其他選擇的詞語。一段時間後，你會發現自己的溝通效率有很大提高。

第三，擁有一針見血的溝通能力。

領導者固然需要具備迂迴談話的溝通策略與藝術。但在中小企業的工作實踐中，他們經常會面對一些突發性或棘手的矛盾，如果不能及時加以解決，就會迅速對整個企業帶來不良影響。

面對這種情況，領導者要能在看到問題本質的基礎上，有足夠的勇氣和魄力，果斷揭示矛盾，將問題根源以語言描述出來。要能一針見血的真正突出關鍵重點。這樣，才能對和問題相關的員工給予當頭棒喝，讓他們意識到問題的嚴重性。

不吝嗇為員工勾勒一幅遠景

　　企業領導者究竟應該如何定義組織是否團結呢？

　　不妨換個思路來看：水滸傳中，一百零八個好漢，有著不同的出身背景，也有著不同的性格特點，更有著不同的山頭派別，那麼他們為什麼會一心一意跟隨宋江征戰四方？除了宋江本人的手腕和能力，最重要的是宋江激發了他們共同的渴望和夢想 —— 改變現狀，成為自己命運的主人。

　　可以說，梁山真正的領導者不是任何人，而是那面杏黃色大旗上書寫的「替天行道」的「道」。

　　「替天行道」，就是梁山好漢的共同願景，他們在這樣的共同願景下可以摒棄前嫌，忘記彼此的不同，形成共同作戰的組織精神。從某種意義上來說，領導者就要像宋江那樣不停的推銷願景。願景能夠帶給員工希望，而員工對此給出的則是支持與追隨。一旦消失了願景，人心也就沒有了希望。

　　在傳統社會裡，知識分子渴求的願景是《禮記》中所記載的「大道之行也，天下為公」。在這樣的社會裡，「選賢與能，講信修睦」，任用的都是賢能之人，因此可以做到「人不獨親其親、不獨子其子，使老有所終、壯有所用、幼有所長、矜寡孤獨廢疾者皆有所養……」試想，這是一幅多麼美好的社會願景。有了這樣的願景，數千年來，仁人志士才有了奮發前進的動力。他們或者在儒教的思想下奔走呼號為民請命，或者在民主自由的旗幟下推翻封建帝制。雖然其表現形式有所不同，但究其根源都離不開這樣的願景。

　　和社會發展一樣，企業的興亡盛衰，同樣離不開人心的支持。如果領

導者希望員工可以拋棄一切個人私心融入組織，就必須要提供接近「天下為公」、「替天行道」這樣的願景，讓員工無論在睡夢中還是清醒時，都會想要為之努力。領導者應該透過溝通，將這種具有號召力的目標向員工加以展示，吸引員工為之努力。

正如美國領導學專家傅麗特（Follett）所提出的那樣，最成功的領導者，可以先於他人看到尚未變成現實的情境，也能夠看到組織中那些正在孕育發生的東西。他不僅能感覺到這些，還能讓周圍的人相信這些。同時，願景也不是他個人所要達到的目標，而是整個組織都要獲取的，符合身邊所有人的願望和行動。企業整體意願，能夠展示所有人嚮往的未來，推動所有人的潛力。

願景注定不是世俗的。卓越的領導者不會只用名利和財富去吸引別人。他們知道，單純會被這些吸引而來的員工，大多只是平庸之輩，並不會是真正優秀的人才。那些能夠幫助你改變企業、創造世界的下屬，會在名利之上，追求更多的夢想，如果老闆自己都不在乎這些值得信仰的目標，又如何去說服他們？如果你自己都不能為企業的美好未來而激動，你又如何能夠期待他人的投入？因此，領導者一定要學會用充分的溝通來為員工勾勒願景。

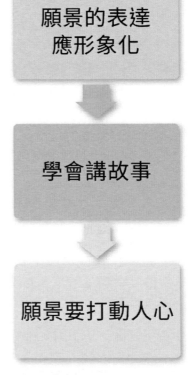

圖8-3 領導者為員工勾勒願景的方法

第一，願景的表達應形象化。

領導者向員工提供的願景不應是抽象的。當你對員工進行願景描述時，必須首先做到形象化。那種「要成為一流的企業」、「要做最好的XXX 商」之類的語言，已經無法清晰展示出形象的圖景，也很難直接打動員工。

企業領導者要對未來有具體的想像和設計，在腦海中形成清晰圖像，並能夠讓人認知和辨別其中的部分細節。當你在腦中反覆建構和辨識這些圖像之後，最終才能擁有屬於企業整體的願景。

隨後，你應該用語言向員工進行表達，重點在於描述其具體的表現。例如，我們公司將會在未來成為產業中的某個角色，那時我們會擁有怎樣的客戶，會擁有怎樣的人才團隊，我們會有怎樣的廠房、辦公室，會有哪些新聞媒體來採訪我們等。

第二，領導者應該學會講故事。

為了讓描繪出的願景真正形象生動，領導者可以進一步學會講故事。用故事來描繪願景，不僅要注意語言文字，同時還要注意人的表情、神態和其中的情節和內涵。正因如此，很多優秀的領導者都是擅長講故事的，起碼擅長向他的下屬和員工講故事。

在設計故事時，領導者應該注意將自己和員工都帶入其中，成為主角。圍繞主角所發生的故事情節，不應當是虛無縹緲的，應當是觸手可及的。企業中的所有人都應該能在故事中找到自我形象，並滿意於這些形象在故事中發揮的作用和所處的位置。當然，為了把故事傳播得更遠、時間更長，僅僅依靠領導者個人的語言表達還是不夠的，還應該採取多樣化的形式例如網站、影片、音訊、出版物來向員工傳播。

第三，願景要打動人心。

「天下為公」的願景之所以能激發仁人志士，是因為他們能看到願景可以帶給周圍人的改變。這與他們內心的期盼有著密切關係。同樣，如果領導者所強調的願景和員工沒有關係，他們又如何產生共鳴？如果這種改變只和員工有關係，和他們所關愛的人、關愛他們的人無關，他們又怎麼可能被打動？因此，你所強調的願景必須和員工有充分關係，最好是從利益關係開始。

願景的內容中，應該包含企業變化帶給員工生活的變化。不要向員工滲透那些無法改變其直接生活的願景。大多數員工不可能有崇高的人生追求、高遠的精神理想，他們更渴望解決自己的住房、車子、婚姻、養老問題，進而滿足身邊的相應需求。只有當願景能夠解決這些問題時，對他們來說才是有意義的。所以，領導者一定要站在他們的角度來表達願景，而並非僅僅依靠個人理解來描述。

有些談話，你只需要靜靜聆聽

　　領導者形成的各種溝通習慣中，不斷占據談話主動權的居多。當他們和下屬交談時，很容易滔滔不絕的展示自己的口才和思維。尤其是對那些感興趣的話題，或希望能夠改變員工想法的話題。

　　誠然，幾乎所有成功的領導者都擁有過人的口才，可以用來說服員工。但在溝通中，「聽」遠遠比「說」更加重要。當領導者說得太多時，結果往往會適得其反。

　　正如老子向孔子所說的那句話：「良賈深藏若虛，君子盛德貌若愚。」意思是富裕的大商人往往將其手中的貨品藏起來，就像沒有那樣；德行高尚的君子則看起來就像愚蠢無知那樣。真正的領導者所希望獲得的溝通能力，並不應該只表現在聰明機智的雄辯上，而是用心的聆聽上。

　　領導者的「聆聽」，並非被動的聽見，而是指帶著理解力和注意力去用心傾聽。尤其是面臨著種種工作壓力的中小企業領導者，很容易在和下屬交談時分神，即當下屬打開心扉傾訴時，自己卻在想甚至做著手頭的事情。這種溝通方式不但效率低，還會讓下屬受到打擊，他們認為你是有意在忽略他們，或者覺得自己的想法根本沒有價值。

　　一位總裁回憶過自己的領導風格。他說，在多年前，自己的領導風格是很強勢的。每當開會之時，整個會場就是屬於他一個人的舞臺，自己經常只是宣布計畫，然後就把任務分配給每個人，並監督他們去加以執行。後來他發現，這樣領導的效率太低，自己會被累垮，整個團隊也都無法成長。於是，他開始改變領導風格，他決定要學會怎樣去聽取別人的意見。

　　從了解到這一點開始，這位總裁強迫自己在開會的時候不去說話，哪

怕儘量少說話。一開始，這樣相當不容易，作為公司的總裁，他總是忍不住對很多問題有想法並加以評論。而且即使真的不說話，他也沒有去認真的聽其他下屬的談話，只是在尋找自己開口的機會。經過相當一段時間的「鍛鍊」之後，他終於習慣了不發言，此時，才發現自己能「聽」到別人的話，並由此產生了很多新的想法。

在溝通中，採取傾聽態度能夠有效避免溝通中可能產生的問題。總裁用自己的領導實踐對此加以了證明。英國聯合航空公司總裁兼總經理就此提出了一條定律：每個人有兩隻耳朵，卻只有一張嘴，這意味著人應該去多聽、少講。否則，說的話太多就有可能變成領導的無形障礙。

學會下面這些，你才真正懂得什麼是傾聽。

第一，具有傾聽特點的動作。

即使你真的在聽，但如果你的行為舉止並不具有傾聽的特點，就很容易讓下屬誤解。同時，領導者自己的注意力也可能被分散。

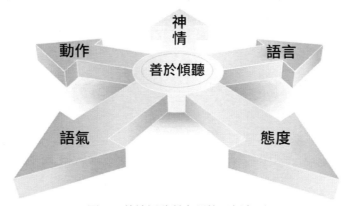

圖 8-4 善於傾聽所表現的五個方面

當你聽取下屬的意見時，有必要將身體轉向他們，在對方說話時停止小動作，並略微給出回應如「嗯」、「我明白」、「是的」等。另外，還有語

氣，神情等。不要忽視這些看上去並不起眼的動作。當你展現了這樣的態度，傳達給員工的是真正的誠意，才會找到問題所在，進而將問題解決。

第二，將傾聽放在溝通一開始。

當領導者形成決策，抑或在工作中發現問題之後，他們習慣於將相關員工找來，並直接告訴他們的想法，指示他們應該如何去做。這樣的方法似乎是企業的通常規則。然而，如果你只是使用這樣的方法，員工很可能覺得自己永遠是在被動執行或被特別警告，逐漸會變得消極被動，進而產生防禦心理。

改變這種局面的方式，是以領導者先聽再說的方式進行溝通。你可以先向員工提出問題，例如，最近工作情況怎麼樣，哪些部分做得比較好，哪些地方感覺還不夠……你可以巧妙的將自己想要說的內容轉化成為問題，並聽取對方是怎樣回答的。透過他們的表達，並分析其看法，領導者就能夠為自己將要說的話進行鋪墊，營造較為良好的溝通氛圍。同時，下屬也更加能夠接受你的看法。

第三，對已經聽到的部分加以簡單複述。

在和員工談話的過程中，領導者即使認真聽取，也並不一定總是能夠接收到符合員工本意的訊息。為了避免產生誤解，當下屬表達的過程中，你除了仔細聆聽之外，還可以對自己認為重要或模糊的地方，加以簡單複述，使用自己的理解和表達方式，將對方的看法再次表達一遍，再詢問對方自己理解是否有誤。透過這樣的方法，你就能確定自己沒有誤解員工的意思。

無論如何，傾聽在溝通中的重要性是不言而喻的。領導者多聽，是為了可以更好的溝通，更方便的了解情況和給出回應。所以，當領導者在充分聽取下屬意見之後，最終還是要果斷的做出決策、進行表達。

給員工暢所欲言的自由空間

　　企業發展不斷變大，受時間和精力限制，領導者所能直接管理的下屬，注定只有幾個人。那麼，伴隨企業變大，他們應該怎樣真實而全方位的去了解基層情況？事實證明，這樣的問題應當是每個企業老闆都需要認真思考的。

　　不少企業領導者都曾經面對這樣的棘手情況：當自己需要蒐集充分資訊來為決策做參考時，卻找不到應有的管道。當他們想要為企業挑選高層管理者時，或者直接了解客戶的第一手資料時，面對著的卻是陌生員工。這些員工雖然會用微笑和熱情來回應領導者的詢問，但卻並不一定會提供全面的情況。

　　在職場哲學中，「家醜不可外揚」、「報喜不報憂」等思維理念依然有著強大的影響力。當不同部門的員工面對企業最高領導者，很可能說出的話都是早已排練好的臺詞。如果領導者總是碰到這樣的尷尬場面，就不能簡單的責怪員工了，而是要多從自己身上找根源：你是否在平時就積極鼓勵員工們暢所欲言？

　　《道德經》中有云：「以道佐人主者，不以兵強天下。」意思是說用「道」來指引領導力方向的人，並不是用武力來逞強。同樣，在企業中想要建立自己的領導力，就不是依靠單方面的權威感去強迫下屬說出真話。權威感可以讓下屬表現出絕對服從的態度，但卻沒辦法讓他們成為你的心腹與耳目……不妨看看古代中國的國家領導者是如何破解這一問題的。

　　唐宣宗李忱，是善於聽取意見的皇帝。他執政之後，就經常深入民間，和百姓積極交談，鼓勵他們說出真話。透過這種交談，了解下屬如何

表現，並從中提拔工作能力強的官員。

一次，唐宣宗前往皇家北苑去打獵。路過一片樹林時，碰巧看到幾個樵夫在休息。於是唐宣宗拉住馬，和樵夫們就像老熟人那樣閒聊起來。由於他平易近人，樵夫們並不懼怕他是皇帝，話題便延伸開來。當知道幾個樵夫是涇陽縣人時，唐宣宗趁機問道：「涇陽縣令是誰呢？」樵夫們回答說：「縣令大人是李行言。」唐宣宗又問道：「他政風如何？」樵夫回答說：「縣令大人為人正直，勇於為民做主。一次，有幾個強盜搶奪民間財物，因為擔心查辦，就躲到了北司的軍營中。李縣令派出衙役去抓人，沒想到軍營的將領說什麼也不願意放人。縣令大人毫不畏懼，衝進軍營，抓獲了強盜，判處死刑，還將藏匿強盜的將領打了幾十大板。這件事情讓百姓們紛紛拍手稱快！」

唐宣宗了解到這個情況，就將李行言的名字記了下來。不久之後，唐宣宗就任命他擔任了海州郡守，果然政績卓著。

如果李忱不是平時就深入民間，積極鼓勵百姓們暢所欲言，那麼，樵夫很可能早就遠遠躲開。即使被皇帝宣召談話，也只會說些歌功頌德的話語，誰也不願意多說半句話。正如人們相信的「禍從口出」那樣，任何下屬在面對上級時，都會自然的產生防備心理而不願意招惹是非。想要聽到他們內心的聲音，領導者就必須要如同李忱那樣，在平時就積極鼓勵員工說出真話，從而解除心防。

當領導者能真正理解員工，就會明白暢所欲言對他們的重要性。而員工一旦發現無論對方是上司還是老闆，只要想說的話，都可以說出來，只要是問題，都可以提出來，而不論說出什麼，都不用擔心會遭到不公平的打擊報復。那麼，員工就會感受到工作環境的暢快，這種感受甚至比物質獎勵還能激勵他們努力工作。因為他們收穫的是滿足感和安全感。

　　為了讓下屬能夠沉浸在這樣的幸福中工作，領導者應該從什麼角度出發讓他們暢所欲言呢？

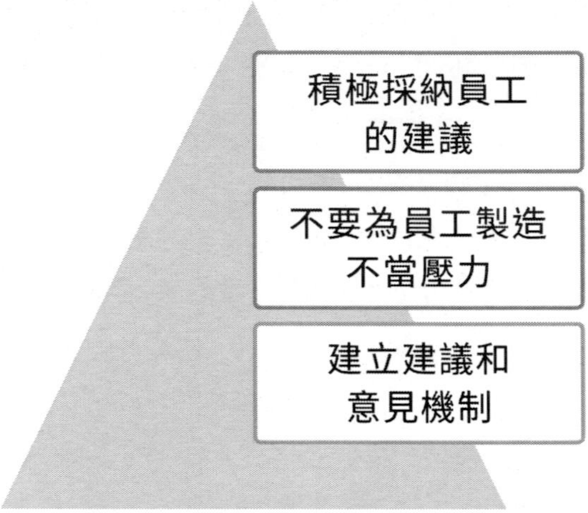

圖 8-5 領導者鼓勵員工暢所欲言的方法

第一，建立建議和意見機制。

　　古往今來，成功領導者非常重視聽取意見。在現代企業的領導方式中，這種現象更為突出。卓有成效的領導者不僅會在口頭上歡迎員工表達，還會在企業內部打通上下連結的管道，讓員工輕而易舉的形成合理表達。這種引入員工來進行組織管理的方式，可以讓企業工作計畫和目標更為合理。

　　西元 1880 年，柯達公司創始人喬治・伊士曼（George Eastman）發明出新型感光底片，隨後他成立了柯達公司，專門生產照相器材。為了能夠改善公司的經營管理，伊士曼非常重視員工意見。他提出，公司的大量設想和問題，都可以從員工的意見中得以實踐與解決。為此，他在公司中設立了建議箱，不論任何員工，都能夠將自己對公司某個環節或全面的看法、建議寫下來投入建議箱。經過公司指定的專人挑選之後，伊士曼會親自處理，一旦被選用的建議產生效果，公司會給予員工獎勵。這樣的制度開創

了美國企業歷史上的先河，並在此之後一直沿用。

如今，企業的領導者可以利用資訊工具，如公開電子郵件信箱、通訊軟體帳號或在企業內部網路上開闢專門的討論區，讓員工習慣於將意見或建議透過這些資訊工具加以提交。當員工得到鼓勵之後，他們就會養成說真話的習慣，而企業也將由此得益。

第二，不要為員工製造不當壓力。

員工在企業中理應感受到壓力，但這樣的壓力應該來自於組織的任務、紀律，而並非來自於領導者個人對其的不滿。例如，當員工在工作之後試圖和同事、上級進行交談時，領導者不應加以過多干涉，或聽到下屬之間的話題就希望馬上能介入其中。類似這種做法都很容易讓員工覺得自己因為說話而被「注意」，或者被「警告」，他們會因為討厭這種感覺而不願再開口。

此外，企業內部需要推行相應的管理制度和規定。但領導者應該透過對應的途徑如會議、座談等向員工宣布，這些規定是為了維護工作時組織的紀律，而並非用來壓制員工的自由表達，因此無須形成不必要的壓力。

第三，積極採納員工的建議。

員工是企業中一線工作者，很多情況和問題都必須要由他們做出第一時間的發現和應對，他們的許多建議也會準確的命中問題的要害。對於領導者做出的決策，不少員工也能幾乎依靠自己的直覺和多年的經驗，做出富有價值的判斷。當員工基於這些原因向領導者提出建議之後，領導者要知道如何從其內容中找到值得參考的部分，進行合理運用，這樣就會讓員工感到充實和快樂。同時，這也能為員工下一次提出建議增添動力。

第九章

領導者識人用人的核心

善用人者，無無用之才

　　對企業的管理，並不一定需要領導者耗費多少表面功夫。在實際工作中，如果領導者能夠促使員工發揮自身的主動性，讓他們多反思、多思索、多行動，那麼，自己就能相應的少作為、少直接評論、少跨級指點。這樣，上下級之間產生矛盾的可能性就大大減小了。

　　然而，在識人用人時，很多領導者一直哀嘆「無可用之才」，正如那句「蜀中無大將廖化作先鋒」所說。但真實情況卻是，在領導者的指手畫腳下，可用的人才也容易被埋沒，有潛力的員工也被打壓了積極性。

　　老子喜歡強調無為而治。其實，所謂的無為而治，從來不是指領導者什麼都不做，而是指在用人過程中，不要違背正常規律的「亂作為」，也不要去刻意彰顯什麼「大作為」。恰恰相反，能夠真正打動人才、激發人才的，是領導者於無聲處的體諒和關懷。這種看似無意實則有心的影響力，最容易激發員工的潛能。

　　宋太宗時期，孔守正因為對朝廷立下大功，被封為殿前都虞侯。一天，他和武將王榮一起在宮苑中侍奉宋太宗酒宴。喝得興起，兩人不免談論到戰場上的英勇事蹟，很快開始爭論起各自的功勞大小。兩個人越說越來勁，吵得也越來越大聲，甚至根本忘記了作為臣子的禮節，完全忘記了在場的宋太宗。當時，其他侍臣們很是惶恐，奏請太宗將兩個人抓起來送到吏部治罪。但太宗並沒有同意，只是讓人將兩個人送回府中。

　　第二天，二人清醒過來，誠惶誠恐的前來請罪。但宋太宗只是笑著說：「你們說的事情，朕昨天也喝醉了，完全記不得了。」二人終於釋然。而文武百官聽聞之後，紛紛感懷敬佩宋太宗的寬容仁德。

　　如果宋太宗一味抓住皇室的「原則」、「制度」，孔守正和王榮這兩位武將必然要受到處罰。這種處罰表面是公允的，但對於引導人才的成長並沒有實際用處，更不利於下屬之間矛盾的消弭。當他們老老實實接受處罰之後，埋藏在心中的卻是壓抑的不滿與憤怒，這種負面情緒遲早會流露在工作過程中，或者影響個人能力的發揮，或者破壞團隊整體的合作，甚至讓整個組織都受到牽連影響。

　　在《道德經》第七十八章中，老子說：「天下莫柔弱於水，而攻堅強者莫之能勝。」老子認為，水所具有的柔弱，正是其本身所具備的德性，與他所提倡的「柔能克剛」特性完全符合。在繼承吸收了老子思想的《莊子》中，更有進一步闡述。作者莊子借用老子的口表述說，理想的領導者治理天下，雖然遍地功德，但彷彿和自己無關；雖然能夠將教化惠及萬物，但人們卻絲毫感受不到；他不會留下什麼施政的痕跡，但萬事萬物卻都能不斷運行自如。

　　換而言之，理想的領導者，在企業內部創建的是有規則的系統。在這種系統運行下，組織中的每個人都猶如身處大自然中，能夠恰如其分的相處，樵夫上山打柴，船工下河划槳，各自承擔各自責任，達到「百姓皆謂我自然」的理想狀態。有了如此系統，即使其運行細節中依然會出現問題，領導者也不需要動用雷霆之怒，而是像宋太宗那樣，能夠化解於無形。

　　可見，真正善於用人的領導者，能夠發揮每位員工的長處，並引導員工成長為更具能力的人才。這也就是所謂「善用人者，無無用之才」。而這樣的狀態可以透過下面的方法獲取。

圖 9-1 領導者知人善用的方法

第一，對組織和個體的領導方法區別。

　　想要實現「無形駕馭」的領導境界，就要對整個組織和其中個別員工進行不同的領導方式。對前者，無論是引導還是獎懲，都需要明確、清晰的規章制度，而對後者，則可以進行不同程度上的的模糊化處理。

　　掌握好這樣的區別，首先需要領導者有充分的氣度、胸懷和智慧。其次，還需要他能夠對企業整體狀況有足夠的掌握，能夠在充分的準備下，打造員工團隊，使其成為自動運行的系統。

　　歸根結柢，這需要領導者了解人性、看懂人心，審時度勢、積極變化，在不同角色中順勢而為，如水般流動和滲透。

第二，懂得靈活領導的重要性。

　　企業的策略性領導方針是既定的，但針對個人的管理方式，則必須尊重實際、靈活積極。因為一旦被員工發現你管理中的規律，就有可能被加以利用和破解，你對企業的掌控就會出現漏洞。

　　對於那些關鍵性員工，要做到「無為而無所不為」，在尊重事實和確保公平的基礎上，根據不同下屬各自的性格特徵、情緒變化、工作任務、發展前景、職場目標來確定管理方式。而面對到不同的情況，則需要領導者能夠隨機應變，何時應該視若無睹，何時應該大事化小，何時應該重點強調，何時應該嚴屬批評，都不能有一定的準則。

第三，獎懲並不一定需要公開化。

在傳統組織的管理方式中，獎懲似乎都需要加以公開化，才能發揮其最大效用。然而，彼時人們更習慣於集體生活，今天的員工主體正在趨向於八〇後、九〇後的年輕人，他們更加需要尊重各自的個性特點和隱私權利。

為此，所謂的「無形」，還可以表現在非公開化的獎懲上。例如，你決定獎勵某個業績突出的員工，並不一定需要大張旗鼓，而是可以私下通知他領取獎金，或給予帶薪休假、優秀培訓等。同樣，你決定對某個員工加以懲處，也可以單獨通知他，並在其他人不知情的情況下完成處罰。這樣，員工會感到自己受到的是特別重視，領導者可以用來管控的空間無形中也加大了。

誰是人才，誰是廢柴

　　領導力達到「不知有之」的境界，是很多企業家夢寐以求的：身為老闆，在企業的日常營運中卻能成為隱形者。

　　做到這一點並非簡單。這種境界的領導者無論是個人威望、領導能力還是管理方法，都已經達到了爐火純青的地步。與此同時，其手下團隊在實踐中不斷的淘汰、提升，也猶如沙裡淘金一般，儼然具備了自主合作、運行和修復的功能。這兩方面條件是相互契合與彌補的。正如訓練有素的球隊，由於有了主教練的高明調教管控，在比賽時，即使主教練沒有出現，優秀的運動員也依然能保持原有的競技水準。

　　可見，境界的提升，雖然和領導者本人有密不可分的關係，但同時也和團隊中優秀人才的比例息息相關。下屬中人才比例越高，領導力境界提升就越快。相反，如果「廢柴」充斥在企業中，領導者就會經常產生有心無力之感。毫無疑問，準確判斷誰是人才，誰是廢柴，推動企業內部的正向淘汰，是走向用人境界「無為而治」的關鍵步驟。

　　從古至今，成功的領導者大都重視累積「識人」經驗。不妨來看看他們是如何做的。

　　孔子認為，判斷人才的方法可以概括為「視」、「觀」、「察」三步驟。其中，「視其所以」是指看一個人表面的行為，「觀其所由」是指進一步分析行為之下的動機和方法，而最後「察其所安」則建議人們去深入了解對方內心的價值取向和志趣所在。透過類似方法，即使對方想要隱瞞，也難以遁形。

曾國藩辨識人才也有一套標準。他首先要看下屬的長相，其次看他們在為人處世中抱持怎樣的態度，最後還要看對方是如何看待名利的。如果這三方面都接近，那麼曾國藩還要考量對方的「德」，如果二者不可得兼，那麼他寧可放棄「才」，也要選擇品德高尚的人加以任用。

一位企業家在大學的演講中這樣說道：「什麼叫優秀的人？其中之一，就是要認同公司的文化。我們的公司文化，最簡練的說法五個字，就是簡單可依賴。簡單，就是不玩公司政治，不去勾心鬥角；可依賴，就是你和同事相互能夠依賴，你可以將別人交給你的事情做完，你交給別人的事情他也能做完。這樣就有了同樣的做事方式和理念，這樣的人才能一起把事情做成。」

可見，每個領導者都有著挑選人才的不同標準。在企業中，欠缺的不是人才，而是領導者發現人才的眼睛。具有特色的辨識方法，能幫助你將人才從普通員工中挑選出來，並將廢柴剔除出組織。這樣，領導力的建構才會有充分扎實的落腳點。

第一，要認真分析企業需要怎樣的人才。

當下的人才特點複雜，呈現出越來越多元化的趨勢。不同性格特點、不同知識和技能，都具有其各自價值。但企業在其發展的各個階段中，需要的人才類型卻不盡相同。正是這種需求，決定了企業是怎樣的企業、領導者是怎樣的領導者。

為此，你需要積極分析判斷企業需要怎樣的人才，並對他們進行「畫像」。

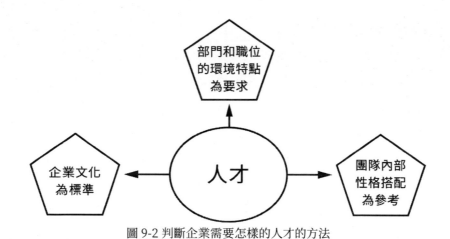

圖 9-2 判斷企業需要怎樣的人才的方法

首先以企業文化作為標準，其次以部門和職位的環境特點作為要求，最後以團隊內部性格搭配為參考。這樣，能夠積極適應企業文化，又能夠貢獻價值的員工，才能一躍成為你眼中的人才。

第二，制定長遠人才需求分析。

不少中小企業對員工的培養和任用，過於依靠老闆和少數領導層的看法，這種看法又容易短期化，經常是某個部門呈報需要的人才類型，然後再被動徵才或晉升。其實，老闆應該站在企業長遠發展角度，形成全局性的人力資源規畫，在對公司現有員工進行分析的基礎上，同時對未來發展狀況加以預測。這樣，你就會帶著明確目的去觀察和發現人才。

第三，用完整的職位說明書去衡量員工。

職位說明書的意義遠遠不只在於培養新員工。除此之外，它更能作為工具，幫助領導者具體了解員工是否在其職位上足夠稱職，是否能夠展現出更多的潛力。

在設置職位說明書時，要注意其完整性，包括企業為什麼要設立職

位，職位具有怎樣的職責、權限以及任職資格等。還可以在職位說明書中，向員工介紹未來職業發展的可能途徑。這樣，領導者就能在具體考核中，結合員工的行動和結果，來判斷他們是否符合職位說明書的要求，由此弄清楚他們是否屬於可以重用的人才。

「使人如器」與「使人求備」

古代典籍《說苑》中有這樣一個故事：

甘茂奉命去出使齊國。當他僱了一艘船渡河時，船夫在閒談中譏笑他說：「你這個人，連自己渡河都需要求助於人，又怎麼能為國王出使他國？」

甘茂平心靜氣的回答說：「駿馬可以日行千里，但是如果讓牠待在宮中捕捉老鼠，那還不如一隻小貓；古代的鑄劍大師干將，鍛造出的利劍可以殺人如麻，但若是送給木匠去做事，效果還不如普通斧子。說划船渡河，我確實不如你，但如果說出國做使臣，你就不如我了！」

船夫啞口無言。

如果讓甘茂去做一名船夫，顯而易見，縱然他學會划船，工作效率大概也遠遠不如那些老船夫。划船，是他能力上的短板、資質上的不足，如果此時有管理者來觀察甘茂，很可能得出「這種員工不太行」的觀點。

然而，事情真的是這樣嗎？如果進一步思考分析就會發現，誤會的原因在領導者觀察的角度上。

貞觀二年，唐太宗李世民對右僕射封德彝說：「近來朕希望你舉薦賢才，但你卻一直沒有推薦，這樣我以後依靠誰呢？」

封德彝回答說：「臣子雖然愚昧，但怎樣敢不為陛下盡心？只是我一直沒有發現誰有獨特才能。」

李世民說：「以前，聖明的國君使用人才就如同使用器具（用人如器），都是當時有怎樣的人才就加以使用，難道我們一定要碰到傅說、呂尚這樣的賢臣，才能處理朝政？」

　　使人如器的觀點，自此在領導力學說中源遠流長，始終發揚其獨特的功能和價值。

　　在最理想的狀態下，企業中每個員工都是頂尖人才，都能在其職位上做到最好。但現實中，那些規模不夠大、發展不夠成熟的企業，不可能短期內就擁有這樣強大的人力資源。因此，領導者必須要接受現實，從現有徵求到的員工中，分別按照其特長來加以任用，力爭把現有的員工團隊效能發揮到最強。否則，求全責備，領導者的眼中，每個員工看起來都只會有所欠缺，始終無法找到心目中的人才。這樣，企業家自然會終日疲於管理，難以為繼。

　　使人如器，需要領導者懂得怎樣客觀看待人才需求和員工現狀的矛盾，並採取良好的用人方略，讓企業整體能力發揮到最大。

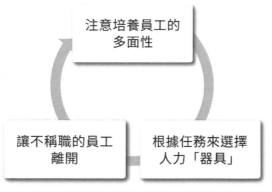

圖 9-3 領導者合理安排員工工作的方法

第一，注意培養員工的多面性。

　　孫子曰：「兵非貴益多也。」企業中，如果總是希望找到最好的員工，反而會導致機構中的人員數量越來越多，不斷產生冗員，影響組織效率。最好的方法是不僅讓員工成為「器具」，還要成為多種功能結合的「器

具」，讓人力資源得以精簡的同時，也能不斷的發揮效用。領導者可以讓員工在不同職位上鍛鍊，或者要求員工利用工作和業餘時間多接觸其他工作流程，這樣培養出的員工會具有豐富知識和整體思維，更利於他們在企業中發揮器具的作用。

第二，根據任務來選擇人力「器具」。

無論企業大小，其內部員工特點總是不相同的，但企業本身面臨的任務，卻能由領導者做出預測和判斷。為此，企業家可以根據發展狀況，提前選擇員工作為人力「器具」。

你可以首先列出某個員工過去工作項目和當下職務上，定下了怎樣的工作目標，然後再將他們實際獲得的績效與目標進行比對。然後，你可以提出下面這些問題並尋求答案：哪方面工作他確實做好了？哪方面工作他能夠做得不錯？他還能夠發揮哪方面長處來學會更多新技能？運用好這些答案，你就能夠將員工和未來的任務分別對應上，確定最好的「器具」。

第三，讓不稱職的員工離開。

企業的根本屬性是盈利組織，賺錢是企業家最基本的道德。因此，只有能夠為企業帶來利潤的員工，才是真正合格的「器具」。企業家想要進入「無為而治」的境界，就要懂得果斷讓那些不稱職、無法發揮合格「器具」作用的員工離開。否則，不僅會影響企業整體利益，對員工本人也是一種傷害，因為他很可能在其他領域成為合格，甚至優秀的器具。

為此，企業家不能有一時的婦人之仁，而是要堅決果斷的在企業內部實行淘汰制度。這樣，那些真正合格的員工才能感受到公平和公正，並擁有更加積極的工作熱情。

下君盡己之能，上君盡人之智

領導企業的難點，在於對人的領導上。通常，在中小企業內，領導者的權威感總是需要伴隨強制監督和控制，這種權威帶有一定專制色彩。雖然這種風格的領導方式也能創造相當的業績，但想要達到更高的境界，還需要老闆激發下屬，將每個人都變成自主經營的主體。

正如《韓非子》第三十五篇中所說：「下君盡己之能，中君盡人之力，上君盡人之智。」最高明的管理者，不會總是親力親為，也並非只看到員工出力就能滿足，而是喜歡發掘員工的智慧，讓企業團隊能夠自動自發的工作。這種狀態下，甚至已經不需要多麼嚴格的制度，就能自然達到最高工作效率。

在 A 公司，領導者對員工的管理就表現出了「上君盡人之智」的思想。該企業內部的創新 SRU、TEAM 團隊、員工創新命名、市場鏈等管理方法，都能夠看到領導者對自身威權的主動消解。在這些模式中，領導者不再需要對員工進行強制性的監督和管理，而是將企業內部打造成為外部市場的延續，把員工在企業內肩負的職責，變成他們自己要面對的經營流程。每個員工要面對企業內部的「市場」和「客戶」，一切工作行為是否能夠產生收益，不是看上司和領導者如何評價，而是要看企業內部怎樣評價員工。

例如，A 公司的「型號經理」的職位概念就表現了這一點。在這個職位上，員工不但要做好產品設計，還要保證產品具有充分的競爭力。企業為型號經理們提供各種資源，而型號經理本人就像在企業平臺上創業的「小企業」，他必須要充分利用平臺和資源，竭盡自己的智慧，為個人和企業創造效益。

透過這種做法，Ａ公司開發了員工的「人智」，每個人的主觀能動性都將得到最好發揮，最大可能實現企業和自身的價值。

從「下君」到「上君」，領導者需要走過不斷攀登的道路。加以總結歸納，可以分為下面的三個階段。

圖 9-4 領導者的三個境界

第一，下君：利用「人治」來領導企業。

在這個境界中，領導者依靠自身力量治理員工。在這個階段中，領導者是最累的，他需要保持充分的注意力在員工細節工作上，包括不同的手法、權謀來對員工工作的積極性加以維持。一旦發現員工沒有按時完成預期工作，就要對他們進行處罰和解僱等。在許多中小企業中，還是依靠著人治的做法，領導者盯住管理團隊，管理團隊盯住員工，員工工作一旦鬆懈，制度的大棒就會落下。

人治是最原始的領導方式。儘管在許多中小企業中，這種領導方式還是相當有必要的。但這種方式最終會浪費整個企業的時間和精力，同時也會造成員工對企業環境產生反抗心理，並把這樣的心理帶入工作中。

想要擺脫人治，領導者就應該意識到「下君」的狀態是不可延續的。

如果想看到企業不斷成長，你需要的應該是將自身領導者的角色加以弱化，去想像和探索如果自己從「寶座」上走下，又該如何領導企業。

第二，中君：利用「法治」領導企業。

相比人治，法治強調用科學的規章制度實現科學化管理。領導者在此時已經了解規範和制度的科學性、合理性，希望員工能在制度的約束和鼓勵下工作。

法治是企業成長的基礎。如果在企業內部建立起了真正能夠發揮作用的制度，任何員工的行為都會被限定在管理體系範圍之內。這樣，領導者就不需要無時無刻都想要知道員工在做什麼、做得如何，他們只需要定期去了解制度執行的結果。事實上，目前絕大多數企業的領導風格都在追求完善的「法治」，但即使做到這一點，也依然只是「中君」的境界而已。

第三，上君：最高境界的「人智」領導。

即使走向「人智」境界需要漫長的努力，但依然值得企業家去努力。在這種領導體系下，員工會將個人利益與企業利益緊密捆綁，他會不斷設想、實踐和創新。

想要看到員工能有這樣的變化，領導者就應懂得把企業變成平臺。首先，打造出周密全面的工作系統。其次，在企業中準備足夠的資源，這些資源包括品牌、硬體、技術、人員，也包括文化、制度、理念、管理等。有了系統和資源，企業就能吸引到越來越多的人才，他們會在系統中自發打造更好的產品和服務，進而提高競爭力，形成領導模式的良性循環。

總之，當你眼中的企業不再是你個人的事業，而是屬於企業中每個人都能分享的平臺。那麼，「上君」境界也就離你不遠了。這不但是領導力的勝利，更是領導者的事業觀、人生觀乃至世界觀的跨越和昇華。

第十章

領導者應具備的 5 個境界

志氣：不甘平庸，擁抱失敗

「天行健，君子以自強不息」，數千年前的《易經》，用這樣一句話作為開篇，其包含的偉岸力度足以穿越時空，給予今天的企業家奮進的動力。

「天」的運動強勁而剛健，和「天道」一樣，企業家為人處事，需要的不僅僅是權謀、方法，也不僅僅是人脈、資源，他們更需要在內心點燃力求進步的推動力，能夠剛毅持久、發憤圖強、永不停息。

真正的企業家不會止步於現有的成就，而會樹立一個又一個更高目標。表現出這種自立意識的企業家，才會得到所有人的支持和幫助，讓企業始終處於正軌。表現出自強精神的企業家，能自內而外散發出力量，抵禦企業發展中可能出現的重重阻礙。

反之，缺乏志氣的企業領導者，會在壓力前失去自控能力，會在成功面前迷失方向，會在失敗面前垂頭喪氣。他們其實並沒有真正強大的內心。

現實生活中，努力拚搏的人才能創業成功，並不斷贏得尊重和信任。

1998 年，A 集團的老闆剛剛解決了企業的產權問題，就面臨著突如其來的沉重打擊：由於事前判斷不足，加上合作方 B 公司的突然破產，A 集團在 5 家合資企業中的 51％股份全部轉入法國達能集團手中。這樣，A 集團徹底失去了控股地位。

此時 A 集團的老闆終於明白，A 集團中了達能集團預先設下的埋伏。但對於這樣的領導者來說，失敗不足以嚇倒他，反而激起其更大鬥志。他告訴下屬，A 集團損失了控股權的只是集團中較大的 5 家企業，另外還有 5 家規模稍小的企業並沒有參與合資。因此，只要能夠挺起胸膛，調整領導思路和工作重點，對沒有合資的幾家企業重點發展，一樣能夠反敗為

勝、掌控局面。

「江東子弟多才俊，捲土重來未可知。」到 2007 年 4 月，A 集團正式開始就合資合約條款不平等的事項，對法國達能提起一系列的仲裁和訴訟。到 2009 年 9 月，達能和 A 集團雙方已經達成友好和解。達能將其中 51％的股權出售給了合資夥伴。

這個成功經驗告訴人們，企業家固然會遭遇暫時挫折甚至失敗，但他絕不能失去志向。只有勇於擁抱困難的人，才有資格帶領企業走向未來。

哪些要素是構成企業家志氣的重要組成部分呢？

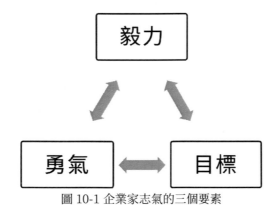

圖 10-1 企業家志氣的三個要素

第一，毅力。

獨自攀登山巒的勇士需要堅韌毅力，帶領一艘船駛向茫茫大海的船長更需要毅力。因為前者更多借助個人力量，後者卻需要動員整艘船上的下屬，一旦船長失去毅力的支撐，結果將不堪設想。

企業家的毅力應更多培養於平時的潛心修練上。他們能夠始終將注意力集中在長期和短期目標上，並努力排除來自企業內外的一切干擾，確保將最大的精力和時間灌注於發展前景上，確保組織利益得以最大化的實現。這需要企業家能將每天都當做掌管企業的第一天，方能投入而持久。

第二，勇氣。

當企業家面對困難時，即使再大的險境，也應該鼓起勇氣與之對壘。只有具備了唐吉訶德向風車衝鋒般的自信和熱情，企業家才能以勇氣激發自信，帶動員工實踐信念。這樣，整個企業會堅持實現目標，領導者個人志向將由此擴大，成為整個組織的志向。

第三，目標。

志向離不開遠大目標。企業家創業伊始，可能並沒有樹立高遠的目標，因為那時更多考慮的是如何把事業做下去，讓企業活下去。但隨著企業的發展，想要保持原有的向上動力，企業家就要不斷用更有意義的目標來涵蓋原有目標，這樣，他們才能始終保持著充沛的銳氣。

一個企業從小到大，企業家著眼的目標也須從創業團隊利益、員工利益，逐步擴大到投資者利益、社會利益，最終上升到國家民族利益的高度。有了這樣的目標階梯，又怎麼可能失去向上攀登的志氣呢？

領導者如果不想在日復一日的工作中逐漸平庸，必須擁有堅強的意志。企業的領路人是否擁有強烈求勝欲，是否能夠樹立穩定方向感，都會改變整個企業的面貌。在困難面前，只有選擇知難而進、鍥而不捨，才會不斷給予整個組織強烈的號召，讓事業不斷壯大。

骨氣：堅守信仰，固守原則

「無商不奸」，是傳統意識為企業家精神所埋下的一顆毒丸。同樣是企業家，在西方輿論中可以成為改變世界的經營族群，成為無數人的精神偶像；但在東方，卻往往成為仇富者樹立的標靶，成為新聞界津津樂道的八卦根源，成為知識階層不屑乃至不齒的「有錢人」形象……造成這種矛盾現狀的，不僅有東西方文化意識的差異，也有企業家個人的因素。真正的企業領導者不可能是人們想像中那種「奸猾」的老江湖形象，恰恰相反，他們具有非凡的人格，秉承堅定的信仰，恪守牢固的原則底線。

什麼是信仰？信仰就是超越眼前現實，去確信自己尚未見到的東西。企業領導者當然是人，而且是自然人、家庭人，隨後才可能是企業家。但他想要成功，就必須具備非凡的信仰，能夠為之獻身。信仰的層次，甚至要高於其商業精神和理念，才能表現為實際工作中的原則和底線。

事實上，企業家所堅持的信仰，絕不僅僅影響著對企業的領導上。他怎樣對待和要求自己，怎樣看待朋友、親人和家庭，都和信仰與原則有關。那些真正有所堅守的企業領導者，會重視自己的信仰追求。他的一生會更加平衡，不但事業成功，同時家庭幸福，人際關係圓滿，在退休之後，也能安享晚年。

一位企業家說：「『不行賄』應該是企業領導者提倡的底線，如果企業連不行賄這件事都堅持不了，就不要做了。如果領導者行賄，那麼樹立的榜樣就會發生偏差，企業內的員工也就可以為了個人利益放棄信仰和原則，去主動索賄受賄。這樣一來，企業就會扭曲，也不可能健康發展。」

他所重視的，正是身為領導者所應該具備的「骨氣」。雖然做企業必

須靈活，必須懂得權宜之計，但這並不代表企業家可以毫無底線任意妄為。如果不能表現出應有的骨氣，既在他人眼中毫無形象，也會導致團隊離心離德、走向分裂。

企業領導者應該堅信自己的選擇，當面臨考驗時，堅定保持正確立場。只有這樣，才能維護整個組織健康發展的長遠方向。

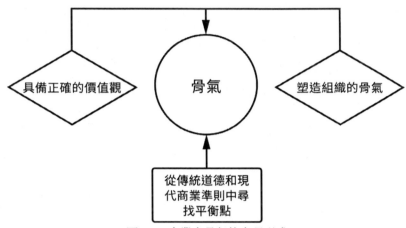

圖 10-2 企業家骨氣的表現形式

第一，具備正確的價值觀。

「骨氣」並不是盲目的，它來自企業領導者內心的強大。這種強大並非由金錢和榮譽支撐，而是應該從企業家內心的道德體系中提煉出來。

作為菁英階層，企業領導者需要促成社會的進步、人性的回歸，幫助企業、員工、客戶以及其背後每個家庭共同和諧進步，才能真正讓內心豐富而強大。企業家必須要透過建構正確的價值觀，形成個人對待職業的信念、對待員工的態度、對待整個社會的責任。

第二，從傳統道德和現代商業準則中尋找平衡點。

儒家、道家和墨家，是三大主流傳統思想的代表，置於當代高速發展

的環境下，表現出很多值得企業領導者吸收學習的元素。例如，道家尊重個體的自由；墨家則推崇民主、技術；儒家則強調集體主義與責任感。但令人遺憾的是，其中道家和墨家兩大文化思想流派，多年來始終被刻意湮沒而無法提倡，直到近年來才稍有浮現。

西方的現代商業準則，從文藝復興和宗教改革之後，民主決議、自由競爭以及團體合作等價值觀念早已滲透其中，並在全球各大企業的成功過程中得到廣泛呈現。有鑑於此，中國企業家的價值觀不應該局限於傳統文化，也不應該盲目崇拜西方現代商業信念，而是應從兩者間找到準確的平衡，形成屬於當下企業領導者應有的價值觀。

第三，塑造組織的骨氣。

企業家是整個企業的靈魂和主導，要有明確而清晰的信仰，才能對企業整體「骨氣」加以塑造。

你必須要有象徵性的行為習慣，讓企業中每個人都意識到「骨氣」的重要性。例如傑克·威爾許相信，無論企業面對什麼樣的緊急情況，都要關注採購成本。因此他特地在辦公室安裝一部電話，號碼只對採購部門公開，一旦採購人員在對外談判中獲得價格讓步，就能夠直接向他匯報。此時，哪怕傑克·威爾許在和大客戶談一筆上百萬美元的業務，也會暫時中止去接電話，並會高興的對員工說：「真是太好了，你把價格壓下了兩毛五！」

這種充滿象徵性的做法，讓員工感受到了公司總裁對企業事務的重視。他們會了解到，領導者不會因為手頭在忙的事情，就忽視員工工作價值。相反，他會特別在情感上、日程上，永遠為企業留有特殊位置。這樣，員工也會更加珍惜自己的工作，並杜絕違背工作原則的任何可能。

靜氣：放下欲望，力克急躁

《孫子·九地篇》有云：「將軍之事，靜以幽、正以治。」靜，意味著沉穩而老練，能夠放下欲望、戰勝急躁，即使在千鈞一髮的情況下依然保持理性思考。領導者只有具備了「每臨大事有靜氣」的素養，才能在遇事之時表現出大將風度。

養成靜氣，要求領導者一定要做到「持有事之心處無事，持無事之心處有事；以大事之心做小事，以做小事之心做大事」。企業看似平穩運轉時，領導者不能有浮躁心理，而是要始終保持警惕之心，真正面臨重大決定，反而要舉重若輕。否則，員工會受到影響，他們會將領導者的工作態度「放大」，在平時過於放鬆，而在壓力面前又會過度緊張。

領導者越是做小事，就越要投入、仔細和精心，而越是做大事，則越要表現出信心和把握，從而穩定人心。

清朝康熙皇帝，最注重「靜氣」的修為。三藩之亂時，清軍主力和吳三桂部隊決戰，整整半個月都沒有前方消息。北京城人心浮動、謠言四起。在這種情況下，一向勤於政務的康熙居然直接丟下事情，帶著身邊的幾個太監跑到景山遊玩。最終，人心安定，前方傳來了捷報。

後來，康熙將這件事情寫進了自己的《庭訓格言》，以此作為領導心得告誡兒子們：做大事要靜氣。如果當時連身為皇帝的自己都表現得緊張不安，那麼必然會導致臣民們更加緊張。而自己故意放下工作去休假，就是為了舉重若輕。這樣，下屬們心中有底，即使有人想做亂，也不敢輕舉妄動。否則，事情很可能演變得不堪設想。

領導的過程，離不開影響力的發揮。無論什麼情況下，領導者的一舉

一動都會帶給員工內心或大或小的改變，並促成他們的外在回應。具備靜氣的領導者，可以讓下屬在企業內有更多安全感，也能做到心無旁騖。

想要培養自己的「靜氣」，你應該做到以下幾點。

第一，學會控制自我情感。

成熟的領導者，可以做到在想發脾氣時不發脾氣，同時也能在不想發脾氣時去「發脾氣」。只要他們面對工作、為了組織的利益，就能夠做到不以個人意願為出發點，而是根據客觀需求來表現個人情感。如果不能學會控制好情緒，很可能因小失大，無意中得罪重要對象，導致企業遭遇本可以避免的風險。

第二，不急不躁，富有涵養。

領導者之所以成為企業核心，在於其可以從千頭萬緒中迅速找到最重要、最緊急的事情。但企業老闆也是人，同樣會在事務繁雜時產生內心壓力。這就需要在日常工作和生活中善於自我調控心情，懂得適當轉移注意力，將急躁情緒扼殺在搖籃中。

為此，領導者無論面臨多麼緊張忙碌的工作，都要講究條理性和計畫性，有規律的生活和工作，能有效化解壓力。

第三，不要隨便透露個人喜好。

任何人都會有自己的喜好。尤其在物質條件充裕的環境中，即使是企業的普通員工，也會有意識的選擇在業餘時間享受生活。然而，身為企業領導者，肩負著整個組織命運，就不能隨便表現出個人的物質喜好。

春秋時魯國大臣公儀休喜歡吃魚，有人送魚給他，但他卻堅決不收。送禮者堅持說，知道您喜歡吃魚才送給您的，何必不收呢？公儀休回答

說：「我現在當大官，自己就能夠吃得起魚了。如果我收了你的魚，為你辦事，因此被免職的話，以後又到哪裡去吃魚呢？」

　　領導者的個人喜好一旦表現明顯，個人欲望就會彰顯出來。一方面，這種欲望越是強烈，工作專注力就越會分散。另一方面，他人就有可能利用對欲望的了解，尋找領導者的弱點。最終導致的結果就是將良好的客觀環境破壞掉。

大氣：心有大氣，左右不移

　　近年來，「氣場」這個詞越來越流行。這個原本屬於中醫氣功體系的術語，其意義外延在不斷擴充。所謂「氣」，是指一個人表現出的氣質，包括其如何表現自我、影響他人；而所謂「場」，則是借用了物理學中物質場的概念，有了「場」，才能有效傳遞能量。因此，「氣場」，可以看做一個人如何利用自己的氣質和個性來產生針對他人的吸引力。

　　顯而易見，領導者的氣場越大，作用到他人心理上的影響力就越大。那些成功的企業家，無論做什麼事情，總是能伴隨著強大的氣場而產生極強的非權力影響力，這樣，員工會崇敬他們，客戶會喜愛他們，政府也會欣賞他們。大氣的企業家或許並沒有令人吐舌的個人財富數字，但處理事情還是會遊刃有餘。

　　大氣場從何而來？來自於你的強大心臟。具體而言，來自於你能夠包容整個世界的個性與智慧，來自於你處理每件事、每個細節是否能夠表現出令人折服的態度。古人有云：「其身正，不令而行；其身不正，雖令不行。」成功的企業家不是靠權威來迫使員工服從。相反，他們大氣的性格，會讓人感受到如沐春風，並以自身對希望的追求，將下級凝聚在一起。最重要的是，當領導者真正心有大氣，那麼無論前方有怎樣的干擾，都不可能轉移其決心。

　　古代先賢孟子曾經向別人解答伯夷、伊尹和孔子的差距。他說，這三位賢人，處世原則是不同的。伯夷，天下太平時就出來做官，混亂時就全身而退。伊尹，君主值得追隨，人民能夠服從，則無論天下太平還是混亂，都會出來做官。孔子，只要能夠做官就做官，而需要隱退時也自然隱

退。孔子的境界，不是伯夷和伊尹能夠追趕的，其所以高不可攀，就在於無可無不可。

　　大氣，就應該表現為孔子這種不為外界所惑，堅持自我原則的「無可無不可」。當領導者將這種精神融入工作風格之後，在員工眼中自然胸懷高遠、視野高廣，他能夠擁有豁達的胸懷、權變的態度，並得以在市場競爭中一騎當先。

　　想要擁有過人的氣量，企業家不妨從下面幾點對自己加以改變。

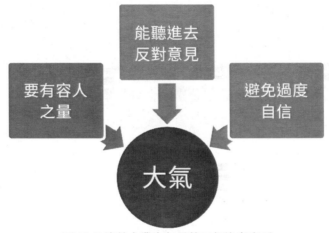

圖 10-3 培養企業家氣量的三個注意事項

第一，要有容人之量。

　　有容人之量，即使事業剛剛起步，你的開誠布公也會讓下屬忠心追隨；反之，即使有寬廣平臺，無形中也會因為性格的缺陷而導致影響力縮小。

　　領導者應該善於接受別人的長處，能夠允許他人「鶴立雞群」，顯得有所不同；也應該接受他人的短處，不是一味指責，而是站在幫助對方的角度上，去加以協調和引導；更要能夠接受他人的私心，絕大多數員工在

企業中工作，都會有為自己謀利益的想法，只要這種想法沒有違背企業的規章制度，領導者就應該能夠坦然處之，然後加以利用。

第二，能聽進去反對意見。

允許別人的反對意見，是領導者大氣表現的重要象徵。

既然承擔了組織掌舵者的責任，就要在思想上做好充分準備，無論是順耳話語，還是逆耳之言，都應該積極聽取。尤其是那些反對意見，哪怕是私下流傳的尖銳批評，或者其內容錯誤明顯，也不需要對之火冒三丈、試圖報復。

第三，避免過度自信。

自信是必要的領導力要素。但過度的自信，會讓領導者走向自負，進而心胸狹窄，難以大度。企業領導者一定要保持謙遜的特質，懂得自我力量雖大但畢竟有限，如果不加以管控，就有可能剛愎自用，導致決策失誤。

你一定要不斷提醒自己，看清自我固有的缺點，防止錯聽他人意見。更重要的是，不應總是認為自己身為領導者，就必須時時刻刻被人關注，而是多問問自己「我是誰」，從而永遠保持清醒，冷靜對待真相，做到「無可無不可」的豁達和堅持。

自信：守住自信，才能成事

人是群體性的動物，社會是大群體，而企業則是小群體。無論是在前者的廣袤天地活動，還是置身後者的內部結構中，想要具備過人的影響力，就要懂得如何集聚自身的「勢」。領導者有了自信，才能得勢，才能成事，這已經是不爭的事實。

自信，是自內而外散發的凜然正氣。擁有自信的領導者在處理企業內外不同的難題之時，總是能「化腐朽為神奇」，尤其是處理員工的紛爭時，也能匡扶正義。可以說，自信展現了領導者的形象價值，也反映了其能力水準和魅力指數的高低。

培養、汲取並利用自己的自信，是領導者義不容辭的責任，也是企業不斷繁榮向上的保障。然而，實踐中種種跡象顯示，並非每個領導者都能擁有這種寶貴的氣質。如果自己本身修為不夠，在工作風格上存在短板，或者在為人處世上具有偏差，就不足以產生能夠威懾統領員工的力量。一個最明顯的事實是，如果領導者不能在某些問題上做到清正廉潔，也就談不上擁有浩然正氣，去管理員工、抨擊醜惡。

企業家 A 先生，帶領企業一路走來，始終是整個產業眼中的「教父」級別人物。他總有著不同別人的勇氣，勇於在員工、在社會面前充分表達自己的想法。

生活上，A 先生攀登喜馬拉雅山、哈佛遊學，放下老闆身段，生活低調，謝絕應酬，並時常潛心學習到凌晨。社會責任上，他公開表示「我手下行賄就是我行賄，你們可以去查」。面對媒體，則勇於用「先聽我說完」來展現出自己強硬一面，甚至用「不要跟我扯政治」直接打斷記

者……最重要的是，Ａ先生是一位雖然創辦了企業，卻以專業經理人參與管理的領導者，他選擇了「名」而不是「利」，更表現出其過人的自信。

正因為有這樣的自信，這家企業才卓立於房地產界，當資本市場風雲突起之時，還是Ａ先生緊密掌控這艘大船的方向，做出「挑選大股東」這種充滿力量的抉擇。如果換做他人，或許在龐大的財富面前，已然迷失方向，難以百尺竿頭更進一步。

領導者的自信，在於能夠認識世界、認識人性，仔細而冷靜的判斷自我和外界，具備過人的智慧。還可以不斷鞭策自己去為企業、社會和國家服務。有了這種自信，領導者的人格和行為都會更加正直，從而實現人生與工作的真實意義。

領導者的自信，正是其高超思想境界的具體表現。他們為此需要付出不斷的努力，遠超過員工為企業付出的勞動。

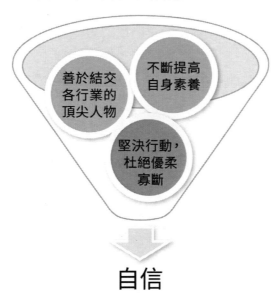

圖 10-4 企業家自信的三個來源

第一，要不斷提高自身素養。

　　領導者忙於管理企業、應酬外界，但與此同時也不能忽視對新理念的學習。飛機上最常見的現象恰好說明了這一點：在經濟艙的乘客通常都忙於看電影、聽音樂或者睡覺，而在商務艙和頭等艙的乘客卻忙於閱讀。想要保持對員工在思想境界上的「引領權」，你需要抓住一切有可能的時間用來學習，研讀包括管理、法律、科技、商業、哲學和歷史等方面的書籍，用來指導工作，充實自信。

第二，要善於結交各行業的頂尖人物。

　　「物以類聚，人以群分」，一個人的氣質來自於其朋友圈子，而領導者的自信也同樣如此。如果說和客戶推杯換盞、和老闆們車馬相迎，是為了企業發展的應酬，那麼，企業家與其他社會菁英的交流，則不須帶有如此的功利性質。

　　一位總裁曾經和新聞界名人 A 有過往來，在閒談中，A 向他講述了新聞寫作的倒金字塔法，頓時給了這位總裁很大啟發 —— 回到公司，他就要求所有員工在會議上都要用這種方法來匯報工作，而在演講時，總裁自己也經常運用這種方法。

　　結識那些看似和企業生意毫無關係的菁英人物，和讀書學習一樣重要。因為當你的身邊集中了全社會的菁英，你的自信自然會因此而不斷充沛，戰無不勝。

第三，堅決行動，杜絕優柔寡斷。

　　領導者需要有充分的勇氣和迅速的行動，向員工展現雷厲風行、光明磊落的執行者形象，從而激發員工們團結一致的進取心與責任感。同時，

企業家無論年齡高低、職業生涯長短，始終都要保持一種接近年輕人的銳氣，這種銳氣會猶如一股清新的風，影響組織中的每個人。當他們看到你意氣風發、無可阻擋的工作面貌，自然會相信你內心的篤定和從容，並感受到難以動搖的自信。

正如這樣的話：「當今領導者，集中到一點，就是他有能力使他的下屬信服而不是簡單的控制他們。」

打造你的領導力！從「管人」到「管全局」的突破：

八大資質 × 五大境界 × 六大誤解，解析領導者思考模式，打破管理天賦的迷思！

作　　者：彭飛

發 行 人：黃振庭

出 版 者：財經錢線文化事業有限公司

發 行 者：財經錢線文化事業有限公司

E-mail：sonbookservice@gmail.com

粉 絲 頁：https://www.facebook.com/sonbookss/

網　　址：https://sonbook.net/

地　　址：台北市中正區重慶南路一段六十一號八樓 815
　　　　　室

Rm. 815, 8F., No.61, Sec. 1, Chongqing S. Rd., Zhongzheng
Dist., Taipei City 100, Taiwan

電　　話：(02)2370-3310

傳　　真：(02)2388-1990

印　　刷：京峯數位服務有限公司

律師顧問：廣華律師事務所 張珮琦律師

定　　價：350 元

發行日期：2024 年 01 月第一版

◎本書以 POD 印製

國家圖書館出版品預行編目資料

打造你的領導力！從「管人」到
「管全局」的突破：八大資質 × 五
大境界 × 六大誤解，解析領導者
思考模式，打破管理天賦的迷思！
/ 彭飛 著 . -- 第一版 . -- 臺北市：財
經錢線文化事業有限公司 , 2024.01
面；　公分
POD 版
ISBN 978-957-680-713-8(平裝)
1.CST: 領導者 2.CST: 組織管理
3.CST: 職場成功法
494.2　　112021005

電子書購買

臉書

爽讀 APP